浙江乌岩岭国家级自然保护区
蝴蝶图鉴

—— 主 编 张芬耀 郑方东 刘 西 ——

ZHEJIANG UNIVERSITY PRESS
浙江大学出版社

《浙江乌岩岭国家级自然保护区蝴蝶图鉴》
编辑委员会

前　言

　　浙江乌岩岭国家级自然保护区是镶嵌在浙南大地上的一颗神奇明珠。其总面积 18861.5hm²，是中国离东海最近的国家级森林生态型自然保护区、浙江省第二大森林生态型自然保护区。其森林植被结构完整、典型，是我国东部亚热带常绿阔叶林保存最好的地区之一，被誉为"天然生物种源基因库"和"绿色生态博物馆"。

　　长期以来，浙江乌岩岭国家级自然保护区全力构建生物多样性天然宝库，取得了丰硕的成果，助力泰顺县成为全国五个建设生物多样性国际示范县之一。为了系统、全面地检验和评估保护区的建设成效，以及满足新形势下摸清"家底"、建立长效监测机制的需要，2020年，浙江乌岩岭国家级自然保护区管理中心联合浙江省森林资源监测中心开展了新一轮的生物多样性综合科学考察工作，计划利用3年时间查清保护区内生物资源种类及分布情况。截至目前，鳞翅目蝴蝶资源本底调查已先行完成，取得了可喜的成果。为了尽快将科考成果转化为促进野生动物保护与管理、科研与科普发展的现实能力，浙江乌岩岭国家级自然保护区管理中心组织编纂了《浙江乌岩岭国家级自然保护区蝴蝶图鉴》一书。这是一部纲目清晰、图文并茂、资料丰富、特色鲜明地体现浙江乌岩岭国家级自然保护区蝴蝶资源的著作，充分体现了浙江乌岩岭国家级自然保护区的生物多样性，具有较高的学术价值和实用价值。

　　本书收录浙江乌岩岭国家级自然保护区蝴蝶11科133属243种，其中有国家一级重点保护野生动物金斑喙凤蝶1种。第一章凤蝶科，记载9属25种；第二章粉蝶科，记载9属15种；第三章斑蝶科，记载3属4种；第四章环蝶科，记载3属5种；第五章眼蝶科，记载12属37种；第六章蛱蝶科，记载29属66种；第七章珍蝶科，记载1属1种；第八章喙蝶科，记载1属1种；第九章蚬蝶科，记载4属8种；第十章灰蝶科，记载30属36种；第十一章弄蝶科，记载32属45种。本书对每种蝴蝶形态特征、地理分布、发生、寄主等进行了描述，并提供了生态照和标本照。

　　本书的编纂出版是综合科学考察项目全体队员辛苦调查、团队协作、甘于奉献的结晶。由于本书涉及内容广泛、编著时间有限，书中难免存在疏虞之处，诚恳期望各位专家学者和读者不吝指正，十分感激！

CONTENTS 目录

第一章　凤蝶科

　　大型和中型蝴蝶。色彩鲜艳,底色多黑、黄或白,有蓝、绿、红等颜色的斑纹;后翅通常具有尾突,少数无尾突或有2条以上尾突;多数在阳光下活动,飞翔在丛林、园圃间,行动迅速,捕捉困难。

　　寄主主要是芸香科、樟科、伞形科、马兜铃科、景天科、罂粟科等植物。多种凤蝶为柑橘害虫。

　　世界广布。全世界已知570余种。中国记载130余种。保护区记载9属25种。

1 灰绒麝凤蝶

Byasa mencius (C. & R. Felder, 1862)

科　凤蝶科 Papilionidae
属　麝凤蝶属 *Byasa* Moore, 1882

形态特征　中大型凤蝶。雄蝶翅背面灰黑色;前翅具黑色翅脉、中室纹及脉间纹;后翅尾突长指状,亚外缘具暗红色新月形斑,香鳞白色。翅腹面斑纹如背面,亚外缘红色新月形斑鲜艳清晰,臀角红斑不规则。雌蝶翅灰褐色,斑纹同雄蝶;后翅背面亚外缘红斑清晰。

地理分布　产于双坑口、黄桥、洋溪。分布于浙江、陕西、山西、福建、江西、湖南、四川。

发生　1年多代,成虫多见于3—10月。

寄主　马兜铃科植物和木防己。

背面　　　　　　　腹面

2 红珠凤蝶

Pachliopta aristolochiae (Fabricius, 1775)

| 科 凤蝶科 Papilionidae
| 属 珠凤蝶属 *Pachliopta* Reakirt, [1865]

形态特征 中型凤蝶。雄蝶翅背面黑色;前翅外2/3具明显的辐射状灰色中室纹及脉侧纹, 外缘黑色;后翅中室外侧具4枚长形白斑,亚外缘具模糊的暗红斑。翅腹面斑纹如背面,前翅色淡,后翅红斑鲜艳清晰。雌蝶翅褐色,斑纹同雄蝶,但色泽暗淡。

地理分布 产于双坑口、黄桥、碑排。分布于长江以南各省份。

发生 1年多代,成虫多见于4—9月。

寄主 马兜铃科马兜铃属植物。

背面 腹面

3　褐斑凤蝶

Chilasa agestor Gray, 1831

科　凤蝶科 Papilionidae
属　斑凤蝶属 *Chilasa* Moore, [1881]

形态特征　中型凤蝶。无尾突,模拟绢斑蝶。雄蝶前翅背面黑色,各室具青灰色斑,亚外缘斑呈双列;后翅背面黑色至栗色,中室及其相邻部分具青灰色斑,中室有3条黑色至栗色线,亚外缘具2枚白斑。腹面前翅斑纹同背面,但顶区呈栗色;后翅色泽、斑纹与背面极似。雌蝶斑纹同雄蝶,但色泽较淡。

地理分布　产于双坑口。分布于西南、华南、华中、华东南部。

发生　1年1代,成虫多见于4—5月。

寄主　樟科润楠属、樟属植物。

4　小黑斑凤蝶

Chilasa epycides (Hewitson, 1864)

科　凤蝶科 Papilionidae
属　斑凤蝶属 *Chilasa* Moore, [1881]

形态特征　中小型凤蝶。无尾突。雄蝶翅背面污白色，具黑脉；前翅前缘与顶区黑色，中室有4条黑线，亚外缘具2条黑带，外缘具污白色斑列；后翅中室具3条黑线，外中区至亚外缘具2列污白色斑，臀角具黄斑。翅腹面底色褐色，斑纹同背面，白色斑更发达。雌蝶色泽、斑纹同雄蝶。

地理分布　产于双坑口。分布于西南、华南至华东。

发生　1年1代，成虫多见于3—5月。

寄主　樟科香樟、沉水樟、山鸡椒等植物。

5 碧凤蝶

Papilio bianor Cramer, 1777

| 科 凤蝶科 Papilionidae
| 属 凤蝶属 *Papilio* Linnaeaus, 1758

形态特征 大型凤蝶。具尾突。雄蝶翅背面黑褐色,密布金绿色鳞片;前翅翅脉、脉间纹和中室纹模糊,外中区金绿色带变异大,后半段具黑色香鳞;后翅顶区附近金蓝绿色鳞片集中,或形成边界不清的斑,亚外缘具紫红色斑,臀区斑C形。腹面翅基半部黑褐色,散布草黄色鳞片,前翅端半部灰色,具黑色翅脉、脉间纹和中室纹;后翅亚外缘具紫红色飞鸟形斑。雌蝶翅底色较浅,背面金绿色鳞片稀疏,后翅背面红斑发达、清晰。

地理分布 产于保护区各地。分布于西南、华南、华中、华东、华北。

发生 1年多代,成虫多见于2—11月。

寄主 竹叶椒、飞龙掌血、柑橘、吴茱萸、臭辣树、野漆树等植物。

背面 腹面

6 宽翠凤蝶

Papilio dialis (Leech,1893)

科 凤蝶科 Papilionidae

属 凤蝶属 *Papilio* Linnaeaus, 1758

形态特征 大型凤蝶。尾突长度多变。雄蝶翅背面黑褐色,散布暗绿色鳞片;前翅翅脉、脉间纹和中室纹不清晰,外中区后半段具黑色香鳞;后翅亚外缘具饰有金蓝色鳞片的紫红色斑;臀角斑呈闭合环状。腹面翅基半部黑褐色散布草黄色鳞片;前翅端半部灰色,具黑色翅脉、脉间纹和中室纹;后翅亚外缘具紫红色飞鸟形斑。雌蝶翅底色较浅,背面金绿色鳞片稀疏。

地理分布 产于双坑口、黄桥、洋溪。分布于西南、华南、华中、华东。

发生 1年多代,成虫多见于5—10月。

寄主 柑橘、野漆树、飞龙掌血、吴茱萸、臭辣树等植物。

背面 腹面

7　玉斑凤蝶

Papilio helenus Linnaeus, 1758

科　凤蝶科 Papilionidae
属　凤蝶属 *Papilio* Linnaeus, 1758

形态特征　中大型凤蝶。具尾突。雄蝶翅背面黑色;前翅具暗土色中室纹和脉间纹;后翅亚顶区具3块小斑构成的牙白色大斑,亚外缘后半段具暗红色新月纹。腹面灰黑色;前翅中室纹及脉间纹灰白色;后翅肩区及前缘基半部散布灰白色鳞片,中室具3条灰白色线,亚顶区白斑似背面但窄小,亚外缘具绛红色新月纹,臀角具绛红色环纹。雌蝶翅黑褐色,后翅白斑更黄,亚外缘红斑发达、清晰。

地理分布　产于保护区各地。分布于南方各省份。

发生　1年多代,成虫多见于2—11月。

寄主　芸香科柑橘属、花椒属、飞龙掌血等植物。

背面　　　　　　　　　　　　腹面

背面　　　　　　　　　　　　腹面

8　金凤蝶

Papilio machaon Linnaeus, 1758

科　凤蝶科 Papilionidae
属　凤蝶属 *Papilio* Linnaeus, 1758

形态特征　中型凤蝶。具尾突。雄蝶翅背面金黄色,具黑脉;前翅基1/3黑色,散布黄色鳞片,中室端及外侧具黑带,顶区具黑点,其上密布黄色鳞片,外中区至外缘具宽黑边,其内侧镶暗黄色带,中部具金黄色斑列;后翅基黑色,外中区至外缘具宽黑带,其内半部具灰蓝色斑,外半部具黄色斑,臀角具椭圆形红斑。翅腹面大体如背面;前翅亚外缘双黑带间散布黑色鳞片;后翅外中区具夹黄色和灰蓝色黑色双横带,其后段染橙色。雌蝶翅色泽、斑纹同雄蝶,但翅形较阔。

地理分布　产于双坑口。分布于全国各省份。

发生　1年多代,成虫多见于4—9月。

寄主　伞形科胡萝卜、芹菜、防风、柴胡等植物。

9 美凤蝶

Papilio memnon Linnaeus, 1758

科　凤蝶科 Papilionidae
属　凤蝶属 *Papilio* Linnaeus, 1758

形态特征　大型凤蝶。雄蝶无尾突；雌蝶多型，具有有尾型。雄蝶翅背面黑色，具暗蓝色光泽；前翅中室基部具暗红斑，中室外侧具蓝灰色条纹；后翅外2/3部为蓝灰色放射纹。腹面前翅基部红斑清晰，具黑色脉间纹和中室纹；后翅基具绛红色斑，外中区有蓝灰色镶黑斑的宽带，臀区具镶黑点的绛红色斑。雌蝶（无尾型）翅背面灰褐色，具黑色翅脉、脉间纹和中室纹，中室基部具红色斑；后翅为大面积白斑，外缘为黑斑列。翅腹面斑纹如背面，前翅红斑和后翅白斑更发达。雌蝶（有尾型）翅背面色同无尾型；后翅白斑小而染红，外缘凹入处浅红色。翅腹面斑纹似背面，红斑更发达。雌蝶（全黑型）整体似雄蝶，但翅色泽暗淡，前翅背面基部红斑清晰。

地理分布　产于双坑口、洋溪。分布于秦岭以南广大地区。

发生　1年多代，全年可见。

寄主　芸香科柑橘属植物。

背面

腹面

10 宽带凤蝶

Papilio nephelus Boisduval, 1836

科 凤蝶科 Papilionidae
属 凤蝶属 *Papilio* Linnaeaus, 1758

形态特征 大型凤蝶。具尾突。雄蝶翅背面黑色;前翅具土黄色中室纹和脉间纹;后翅亚顶区具4块小斑构成的牙白色大斑。翅腹面黑褐色斑纹大体如背面;前翅中室纹和脉间纹更清晰,中室外上方及臀角附近具小白斑;后翅中室具3条灰白线纹,白斑较窄小,亚外缘具土黄色斑列。雌蝶翅色暗淡;后翅白斑宽阔,在翅背面可进入中室;翅腹面常向臀角延伸为带状。

地理分布 产于双坑口、黄桥。分布于西南、华中、华东、华南。

发生 1年2代,成虫多见于4—10月。

寄主 芸香科飞龙掌血、臭辣树等植物。

背面

腹面

背面

腹面

11 巴黎翠凤蝶

Papilio paris Linnaeus, 1758

科　凤蝶科 Papilionidae
属　凤蝶属 *Papilio* Linnaeus, 1758

形态特征　大型凤蝶。具尾突。雄蝶翅背面黑色,散布金绿色鳞片;前翅外中区具不发达的金绿色带;后翅外中区具金属蓝绿色大斑,其后端与臀角间连有金绿色线,臀角具饰有金蓝色鳞片的暗红色环纹。翅腹面褐色,基部散布草黄色鳞片;前翅端半部具灰色脉间纹;后翅亚外缘具紫红色新月斑。雌蝶翅底色浅,背面金绿色鳞片稀疏;后翅金属斑稍退化。

地理分布　产于双坑口、黄桥、洋溪。分布于西南、华南、华中、华东。

发生　1年多代,成虫多见于2—10月。

寄主　芸香科柑橘属、花椒属、飞龙掌血等植物。

背面　　　　　　　　腹面

12 玉带凤蝶
Papilio polytes Linnaeus, 1758

科 凤蝶科 Papilionidae
属 凤蝶属 *Papilio* Linnaeus, 1758

形态特征 中型凤蝶。雌蝶多型,具短尾突。雄蝶翅背面黑色;前翅具土黄色中室纹和脉间纹,外缘具黄白色点列;后翅外中区贯穿1列黄白色斑,亚外缘或出现绛红色新月纹,外缘具黄白色点列。翅腹面斑纹与背面相似,但色泽较淡;前翅外缘点列呈白色;后翅亚外缘常具稀疏的灰蓝色鳞片,亚外缘斑列鲜艳、清晰。雌蝶(玉带型)斑纹同雄蝶,仅色泽较淡。雌蝶(红珠型)模拟红珠凤蝶;前翅端半部灰色,具黑色翅脉和脉间纹;后翅中室端具成团白斑,亚外缘红斑发达、鲜艳。

地理分布 产于保护区各地。分布于秦岭以南各省份。

发生 1年多代,全年可见。

寄主 芸香科柑橘属、花椒属、飞龙掌血等植物。

背面　　　　　　　　　　　　　腹面

13 蓝凤蝶

Papilio protenor Cramer, 1775

科　凤蝶科 Papilionidae
属　凤蝶属 *Papilio* Linnaeaus, 1758

形态特征　大型凤蝶。无尾突。雄蝶翅背面灰黑色,有弱深蓝光泽,具清晰的黑色翅脉、脉间纹和中室纹;后翅具暗蓝色天鹅绒光泽,前缘中部具长椭圆形淡黄色香鳞,下端半部散布灰蓝色鳞片,臀角具镶黑点的绛红色斑。翅腹面灰黑色;前翅斑纹如背面;后翅顶区、外缘中部和臀角具多枚红斑。雌蝶翅灰褐色,无光泽,斑纹如雄蝶;后翅背面前缘中部无香鳞。

地理分布　产于保护区各地。分布于秦岭以南各省份。

发生　一年多代,成虫多见于4—10月。

寄主　芸香科柑橘属、花椒属、飞龙掌血等植物。

背面(雄)

腹面(雄)

背面(雌)

腹面(雌)

14　柑橘凤蝶

Papilio xuthus Linnaeus, 1767

科　凤蝶科 Papilionidae
属　凤蝶属 *Papilio* Linnaeus, 1758

形态特征　中型凤蝶。具尾突。雄蝶翅背面淡黄色,具黑脉;前翅中室具4条续断黄线,端部黑色,形成大眼斑,亚外缘具淡黄色新月斑列;后翅前缘中部具小团黑色鳞片,外缘宽黑带具蓝色鳞片形成的斑,亚外缘具淡黄色新月斑列,臀角具黑色橙斑。翅腹面大体似背面;前翅亚外缘具淡黄色带,外中区贯穿黑色宽横带,镶有蓝色鳞片形成的斑,外侧染橙色,外缘黑色。雌蝶翅斑纹同雄蝶,但色泽略偏黄。

地理分布　产于保护区各地。分布于除青藏高原以外各省份。

发生　1年多代,成虫多见于2—10月。

寄主　芸香科柑橘属、花椒属、吴茱萸属等植物。

背面(雄)

腹面(雄)

背面(雌)

腹面(雌)

15 宽尾凤蝶

Agehana elwesi Leech, 1889

科　凤蝶科 Papilionidae
属　宽尾凤蝶属 *Agehana* Matsumura, 1936

形态特征　中大型凤蝶。躯体黑褐色。前翅修长,翅顶圆,外缘直。后翅外缘波浪状,后翅具明显叶状尾突,内有2条翅脉贯穿,末端呈靴状。翅背面大部分呈灰褐色,中室及各翅室内有暗红色细条;后翅外侧呈黑褐色,中室及其周围有时有明显白色斑纹,尤其在西南地区,后翅沿外缘有1列红色或橙红色弦月形斑纹。翅腹面底色较背面略浅。

地理分布　产于双坑口、黄桥、碑排。分布于长江流域各省份。

发生　1年2代,成虫多见于4—9月。

寄主　檫木、鹅掌楸、厚朴、凹叶厚朴、黄山木兰、深山含笑等植物。

16　碎斑青凤蝶

Graphium chironides (Honrath, 1884)

科　凤蝶科 Papilionidae
属　青凤蝶属 *Graphium* Scopoli, 1777

形态特征　中型凤蝶。无尾突。雄蝶翅背面黑褐色，各室具较狭长的灰绿色斑；前翅外缘具灰绿色点列，顶角非常突出，翅面斑纹短粗，呈蓝绿色而非灰绿色；后翅前缘斑白色，香鳞土黄色。翅腹面褐色，斑纹如背面，呈银白色，肩角处具楔形黄色斑，外中区具橙色点列。雌蝶翅斑纹同雄蝶，色泽较浅。

地理分布　产于保护区各地。分布于长江以南各省份。

发生　一年多代，成虫多见于2—10月。

寄主　深山含笑、野含笑、鹅掌楸等植物。

背面　　　　　　　　　　　　　　腹面

17　宽带青凤蝶

Graphium cloanthus (Westwood, 1845)

科　凤蝶科 Papilionidae
属　青凤蝶属 *Graphium* Scopoli, 1777

形态特征　中型凤蝶。具长尾突。雄蝶翅背面黑色,中区具被黑色分割的青绿色宽阔透明斑;后翅亚外缘具青绿色斑列,香鳞灰白色。翅腹面褐色,前翅亚外缘具模糊的灰褐色带,后翅肩角具不规则暗红色斑,中室端缘附近具暗红色斑列。雌蝶翅斑纹同雄蝶,但色泽较浅。

地理分布　产于双坑口、黄桥。分布于秦岭以南各省份。

发生　1年多代,成虫多见于2—10月。

寄主　香樟、红楠、刨花润楠等植物。

18 木兰青凤蝶

Graphium doson (C. & R. Felder, 1864)

科　凤蝶科 Papilionidae
属　青凤蝶属 *Graphium* Scopoli, 1777

形态特征　中型凤蝶。无尾突。雄蝶翅背面黑色;前翅中室具由细渐粗的蓝绿色斑列,第4枚斑为新月形,亚外缘具蓝绿色点列,臀角斑仅有1枚或另1枚较退化;后翅中区为上宽下窄的蓝绿色斑列,亚外缘具蓝绿色小斑,肩区黑色短带与臀区黑色纵纹分离,臀褶内香鳞赭黄色。雌蝶翅斑纹同雄蝶,但呈灰绿色。

地理分布　产于双坑口。分布于浙江、福建、台湾、云南、贵州、广东、广西、海南、香港等地。

发生　1年2代,成虫多见于4—9月。

寄主　深山含笑、野含笑、黄山木兰等植物。

19　黎氏青凤蝶

Graphium leechi (Rothsehild, 1895)

科　凤蝶科 Papilionidae
属　青凤蝶属 *Graphium* Scopoli, 1777

形态特征　中型凤蝶。无尾突。雄蝶翅背面黑褐色,各室具狭长的灰绿色斑;前翅外缘具灰绿色点列;后翅前缘斑白色,香鳞土黄色。翅腹面褐色,斑纹如背面,呈银白色,肩角处具楔形橙色斑,外中区具橙色点列。雌蝶翅斑纹同雄蝶,色泽较浅。

地理分布　产于双坑口、黄桥。分布于云南东北部、广西北部、湖南至福建、浙江一带。

发生　1年2代,成虫多见于4—9月。

寄主　深山含笑、香樟、鹅掌楸等植物。

20　青凤蝶

Graphium sarpedon (Linnaeus, 1758)

科　凤蝶科 Papilionidae
属　青凤蝶属 *Graphium* Scopoli, 1777

形态特征　中型凤蝶。无尾突。雄蝶翅背面黑褐色,中区贯穿1列蓝绿色半透明斑;后翅前缘斑呈白色,亚外缘具蓝绿色新月斑。翅腹面褐色,斑纹大体似翅背面;后翅肩角处具1段红色短线,中室端至臀区具红斑列。雌蝶翅斑纹同雄蝶,但色泽较浅。

地理分布　产于保护区各地。分布于秦岭以南各省份。

发生　1年2代,成虫多见于5—10月。

寄主　香樟、润楠属等植物。

背面　　　　　　　　　　腹面

21 升天剑凤蝶

Pazala eurous (Leech, [1893])

科　凤蝶科 Papilionidae
属　剑凤蝶属 *Pazala* Moore, 1888

形态特征　中型凤蝶。雄蝶翅白色、半透明;前翅第8、9横带在顶区不错位;后翅背面中带完整或部分缺失,亚外缘至外缘具3列并行的黑斑,臀角各室具灰蓝色斑,黄斑相连。翅腹面斑纹如背面,后翅2条中带间夹有黄色。雌蝶翅形较阔,斑纹同雄蝶。

地理分布　产于双坑口。分布于西南、华南、华中、华东。

发生　1年1代,成虫多见于3—5月。

寄主　樟科木姜子属、新木姜子属、润楠属等植物。

22 铁木剑凤蝶

Pazala mullah (Alphéraky, 1897)

科 凤蝶科 Papilionidae
属 剑凤蝶属 *Pazala* Moore, 1888

形态特征 中型凤蝶。雄蝶翅蜡白色、半透明；前翅亚外缘灰色，外缘黑色；后翅背面中带完整，并在臀角上方分叉，亚外缘具1条宽阔的灰黑色带，外缘黑色，臀角各室具灰蓝色斑，黄斑相连。翅腹面斑纹如背面，中带上端有黄斑。雌蝶翅形较宽，斑纹同雄蝶。

地理分布 产于双坑口。分布于浙江、福建、台湾、云南、四川等。

发生 1年1代，成虫多见于3—4月。

寄主 樟科木姜子属植物。

23　四川剑凤蝶

Pazala sichuanica Koiwaya, 1993

科　凤蝶科 Papilionidae

属　剑凤蝶属 *Pazala* Moore, 1888

形态特征　中型凤蝶。雄蝶翅白色、半透明;前翅前缘、顶区具外缘,略呈黄色,第8、9横带间无黑色鳞片;后翅背面中带完整、笔直,亚外缘至外缘具3列并行的黑斑,臀角各室具灰蓝色斑,黄斑相连。翅腹面斑纹如背面,中带"8"字形纹特征退化,但中带清晰。雌蝶翅形宽圆,斑纹似雄蝶,但黑纹较退化。

地理分布　产于双坑口。分布于四川、华中、华东、华南北部。

发生　1年1代,成虫多见于4—5月。

寄主　樟科木姜子属植物。

24 金斑喙凤蝶

Teinopalpus aureus Mell, 1923

科 凤蝶科 Papilionidae
属 喙凤蝶属 *Teinopalpus* Hope, 1843

形态特征 大型凤蝶。触角黑色。雄蝶翅背面褐色，密布金绿色鳞片；前翅前缘约 1/2 处具黑色横带，其外侧有金黄色横带，中区、外中区和亚外缘具模糊的黑带，外缘黑色，顶角圆钝。腹面前翅基 1/3 密布金绿色鳞片，其余 2/3 为灰色；后翅中域金黄色斑呈饱满的五角形。雌蝶翅整体较白；后翅中域斑极大，呈乳白色。

地理分布 产于双坑口。分布于福建、浙江、江西、广西、广东、海南及云南南部至东南部。

发生 1年2代，成虫多见于5—9月。

寄主 木兰科乳源木莲、深山含笑等植物。

25　丝带凤蝶

Sericinus montelus Grag, 1852

科　凤蝶科 Papilionidae
属　丝带凤蝶属 *Sericinus* Westwood, 1851

形态特征　中型凤蝶。性二型,尾突极长。躯体呈黑、白、红三色相间。雄蝶翅淡黄白色,翅面具有黑色斑纹;后翅臀角有黑斑和红斑。雌蝶翅黑色,具许多白色至浅黄色的线状斑纹;后翅具带状红斑,红斑外具有蓝斑。

地理分布　产于双坑口。分布于浙江、北京、辽宁、河北、甘肃、宁夏、陕西、河南、河北、湖南等。

发生　1年多代,成虫多见于4—10月。

寄主　马兜铃科马兜铃属植物。

◆ 第二章 粉蝶科

　　中型或小型蝴蝶。色彩较素淡，多为白色或黄色，具黑色斑，少数有红色或橙色斑，前翅顶角常呈黑色。不少种类呈性二型，也有季节型。成虫需补充营养，喜吸食花蜜，或在潮湿地区、浅水滩边吸水。多数种类以蛹越冬，少数种类以成虫越冬。有些种类喜群栖。

　　寄主主要是十字花科、豆科、白花菜科、蔷薇科、桑科、鼠李科等植物。部分种类为蔬菜或果树的重要害虫。

　　世界广布。全世界已知1200余种。中国记载150余种。保护区记载9属15种。

26　黑角方粉蝶

Dercas lycorias (Doubleday, 1842)

科　粉蝶科 Pieridae
属　方粉蝶属 *Dercas* Doubleday, [1847]

形态特征　中小型粉蝶。后翅无尾。雄蝶翅背面黄色；前翅顶角与邻近前缘外缘为窄黑边，顶区染橙色，外中区中部具黑点，与顶角间连有赭黄色带。翅腹面淡黄色，具光泽；前、后翅中室端具锈色斑，外中区具淡锈色带，与前翅顶角锈色斑相接。雌蝶翅斑纹似雄蝶，但色较淡。

地理分布　产于双坑口。分布于华南、华东及西南。

发生　1年2代，成虫多见于6—8月。

寄主　不详。

27 东亚豆粉蝶

Colias poliographus Motschulsky, 1860

科 粉蝶科 Pieridae
属 豆粉蝶属 *Colias* Fabricius, 1807

形态特征 中型粉蝶。雄蝶翅黄绿色;背面前翅中室端有 1 个黑圆斑,顶角大部及外缘黑色,内有淡黄绿色斑;后翅中室端具圆形斑,略呈橙色,外缘淡黑色;前翅内缘基部及后翅臀缘外侧有黑色鳞片。腹面前翅顶角大部及外缘、后翅颜色深,前、后翅亚外缘有 1 列黑斑。雌蝶斑纹似雄蝶,翅近白色。

地理分布 产于双坑口、黄桥、碑排。分布于浙江、台湾、北京、四川、云南、香港等。

发生 1 年 5 代,成虫多见于 4—10 月。

寄主 豆科苜蓿属、大豆属、豌豆属等。

背面(雄)

腹面(雄)

背面(雌)

腹面(雌)

28 宽边黄粉蝶

Eurema hecabe (Linnaeus, 1758)

科　粉蝶科 Pieridae
属　黄粉蝶属 *Eurema* Hübner, [1819]

形态特征　中小型粉蝶。身体腹面黄色,背面深褐色。后翅后缘中段略带角度。翅背面黄色,前翅顶区、外缘区及后翅外缘区有黑褐色纹,并在前翅外缘区向外形成 M 形凹陷。前翅缘毛黄褐色掺杂。翅腹面黄色,散布较多黑褐色鳞片;前翅顶区带一黑褐色斑,中室内有 2 个斑点,前、后翅中室末端各有 1 条中空的黑褐色纹。雄蝶前翅腹面中室下缘翅脉上有白色长形性标;雌蝶颜色较淡。旱季个体的前翅背面的黑褐色纹内缘呈圆弧形的趋势,翅腹面的斑纹更发达,并呈褐红色。

地理分布　产于双坑口。除东北外,全国广布。

发生　1 年 5~6 代,成虫全年可见。

寄主　豆科决明属、合欢属、胡枝子属、云实等,大戟科黑面神属植物。

29 尖角黄粉蝶

Eurema laeta (Boisduval, 1836)

科 粉蝶科 Pieridae
属 黄粉蝶属 *Eurema* Hübner, [1819]

形态特征 小型粉蝶。体形较小。前翅外缘几乎平直,顶角呈方形;后翅后缘中段略带角度。前翅外缘区黑褐色纹并不延续至后缘,腹面翅中室端仅有1个斑;后翅腹面的黑褐色线纹更明显。雄蝶前、后翅在相叠的区域各具一桃红色性标;雌蝶翅颜色较淡,两面散布较多黑褐色鳞片,尤以基部最为明显。旱季个体翅的顶角更尖锐,翅腹的斑纹呈褐红色。

地理分布 产于双坑口、黄桥。分布于浙江、上海、江西、山东、福建、广东、广西、湖北、四川、贵州、云南、陕西、海南、台湾、香港等。

发生 1年多代,成虫几乎全年出现。

寄主 豆科胡枝子属、决明属等植物。

30 北黄粉蝶

Eurema mandarina (de l' Orza, 1869)

科　粉蝶科 Pieridae
属　黄粉蝶属 *Eurema* Hübner, [1819]

形态特征　中小型粉蝶。本种与宽边黄粉蝶外形极为相似,但本种前翅缘毛为纯黄色,旱季个体翅背面的黑褐色斑纹退减幅度远比宽边黄粉蝶大,常有外缘区斑纹几乎完全减退、仅余顶区斑纹的个体。

地理分布　产于双坑口、碑排、洋溪。分布于浙江、台湾、福建、广西、海南、香港。

发生　1年多代,成虫几乎全年可见。

寄主　豆科胡枝子属,鼠李科鼠李属、雀梅藤等植物。

31　圆翅钩粉蝶

Gonepteryx amintha Blanchard, 1871

科　粉蝶科 Pieridae
属　钩粉蝶属 *Gonepteryx* Leach, 1815

形态特征　中大型粉蝶。体形较大。前翅顶角的钩状突出不明显,后翅较圆阔。雄蝶翅背面为均匀的橙黄色,前、后翅的中室端斑为橙红色,后翅中下部外缘有红色脉端点。翅腹面淡黄色;后翅中上部的膨大脉纹粗壮,非常显著,中下部也有数条较为细小的膨大脉纹。雌蝶与雄蝶相似,但翅背面及腹面底色为淡黄白色或淡绿白色。

地理分布　产于双坑口。分布于浙江、福建、河南、四川、云南、西藏、陕西等。

发生　1年多代,成虫多见于3—10月。

寄主　鼠李科鼠李属植物。

32 淡色钩粉蝶

Gonepteryx aspasia Ménétriès, 1859

科 粉蝶科 Pieridae
属 钩粉蝶属 *Gonepteryx* Leach, 1815

形态特征 中型粉蝶。雄蝶前翅背面淡黄色,前缘和外缘有红褐色脉端纹,背面为淡绿色,前、后翅的橙红色中室端圆斑较小,后翅外缘锯齿状不明显。翅腹面为黄白色,后翅中上部的膨大脉纹相对较细。雌蝶翅斑纹与雄蝶相似,但翅背面底色为淡绿色。

地理分布 产于双坑口。分布于浙江、江苏、福建、北京、河北、山西、黑龙江、辽宁、四川、云南、西藏、陕西、甘肃、青海等。

发生 1年1代,成虫多见于5—8月。

寄主 鼠李科鼠李属植物。

33 橙粉蝶
Ixias pyrene (Linnaeus, 1764)

科 粉蝶科 Pieridae
属 橙粉蝶属 *Ixias* Hübner, 1819

形态特征 中型粉蝶。雄蝶翅背面鲜黄色;前翅前缘及外缘具宽黑边,端半部橙色,有黑脉;后翅外缘具宽黑边。翅腹面黄色;前翅端半部或具浅棕色细纹;后翅外中区近顶角处可见嵌银白色的浅棕色斑。雌蝶多型。雌蝶(基本型)似雄蝶,但翅色较淡,前翅背面橙斑窄且无黑脉。雌蝶(白化型)翅背面乳黄色,具宽黑边;前翅背面无橙斑。雌蝶(黑化型)翅背面除基部与前翅端部乳黄色外,其余部分黑褐色。各型雌蝶翅腹面色泽、斑纹与雄蝶相似。

地理分布 产于洋溪。分布于南方各省份。

发生 1年多代,成虫全年可见,夏季较多。

寄主 山柑科植物。

背面(雄)

腹面(雄)

背面(雌)

腹面(雌)

34 艳妇斑粉蝶

Delias belladonna (Fabricius, 1793)

科　粉蝶科 Pieridae
属　斑粉蝶属 *Delias* Hübner, 1819

形态特征　中大型粉蝶。雄蝶翅背面黑褐色至黑色;前翅亚外缘斑7个,斑的基部尖,端部放射状,较模糊,中域斑和中室斑均不明显,仅散布一些白色鳞粉;后翅前缘基部有1个橙黄色斑,卵圆形,中域斑较大,白色,中室端斑小而模糊。前翅腹面前半部的亚外缘斑为黄色,其余为白色,中室内有1个清晰的条斑,与端部的方形斑分离;后翅腹面斑纹比背面大而明显,中室内的条斑方形,黄色。雌蝶翅背面灰黑色,斑纹很不明显;后翅前缘基部斑比雄蝶大,但端部为淡黄色至白色,靠前缘的中域斑白色,比雄蝶大而明显。

地理分布　产于双坑口、黄桥。分布于浙江、福建、江西、湖北、湖南、广东、香港、广西、四川、云南、西藏、陕西等。

发生　1年2代,成虫多见于4—11月。

寄主　桑寄生科桑寄生属、钝果寄生属植物。

35 侧条斑粉蝶

Delias lativitta Leech, 1893

科 粉蝶科 Pieridae
属 斑粉蝶属 *Delias* Hübner, 1819

形态特征 中大型粉蝶。翅面黑色或褐色;前翅中室内有显著的纵向白色条斑,翅室上的中域斑和亚外缘斑为白色,较明显;后翅中室内条斑显著,中域和亚外缘斑比前翅宽,内缘为橙黄色或淡黄色。翅腹面斑纹比背面宽,亚外缘斑黄色,其余为白色,中室内有纯白色的条斑;后翅亚外缘斑黄色,中室内条斑端半部黄色,基半部白色。

地理分布 产于双坑口、黄桥。分布于浙江、江西、云南、西藏、陕西、台湾等。

发生 1年2代,成虫多见于4—10月。

寄主 桑寄生科桑寄生属、钝果寄生属、槲寄生属植物。

36 大翅绢粉蝶

Aporia largeteaui (Oberthür, 1881)

科　粉蝶科 Pieridae
属　绢粉蝶属 *Aporia* Hübner, 1819

形态特征　大型粉蝶。雄蝶翅背面白色;前翅背面翅脉较粗,亚外缘有暗色横带,两侧边缘模糊,在中部和后部常中断,中室端黑纹窄,中室内隐约有黑色细线;后翅背面翅脉颜色较淡,外缘有较小的三角形斑。翅腹面斑纹与背面相似;但前翅外缘为黑色细边,后缘有黑色长斑;后翅翅色为淡黄色,亚外缘横带较翅面明显。雌蝶翅乳黄色,前、后翅斑纹及横带比雄蝶明显。

地理分布　产于双坑口。分布于浙江、福建、湖北、广东、四川等。

发生　1年1代,成虫多见于6—8月。

寄主　小檗科阔叶十大功劳等植物。

37　东方菜粉蝶

Pieris canidia (Sparrman, 1768)

科　粉蝶科 Pieridae
属　粉蝶属 *Pieris* Schrank, 1801

形态特征　中型粉蝶。雄蝶翅背面白色;前翅的前缘脉黑色,顶角有三角形黑斑,并与外缘的黑斑相连而延伸到近臀角处,黑斑的内缘呈锯齿状;亚端有2个黑斑,后翅前缘中部有1个黑斑,这3个黑斑均较菜粉蝶大而圆;后翅外缘各脉端均有三角形的黑斑。翅腹面白色或乳白色,除前翅2个黑斑尚存外,其余斑均模糊。雌蝶翅斑纹较明显,腹面基部的黑鳞区较雄蝶宽。

地理分布　产于保护区各地。分布于全国各地。

发生　1年多代,成虫全年可见。

寄主　薹菜、荠菜、白菜、芥菜、萝卜等十字花科植物。

背面

腹面

38 黑纹粉蝶

Pieris melete Ménétriès,1857

科 粉蝶科 Pieridae
属 粉蝶属 *Pieris* Schrank, 1801

形态特征 中型粉蝶。雄蝶翅背面白色,脉纹黑色;前翅前缘及顶角黑色,外缘 M 脉各支的末端有黑斑点,亚外缘有 1 个明显的大黑斑及 1 个模糊的黑斑;后翅前缘外方有 1 个黑色牛角状斑,有些个体后缘脉端的黑色加粗。前翅腹面的顶角淡黄色,亚外缘下方的黑斑更明显;后翅腹面具黄色鳞粉,基角处有 1 个橙色斑点,脉纹褐色明显。雌蝶翅基部淡黑褐色,黑色斑及后缘末端的条纹扩大,脉纹明显比雄蝶粗,后翅外缘有黑色斑列或横带,其余同雄蝶。本种有春、夏二型:春型较小,翅形稍细长,黑色部分较深;夏型较大,体色较春型淡。

地理分布 产于双坑口、黄桥。分布于浙江、江西、上海、安徽、福建、四川、湖南、贵州、陕西、河南、西藏、广西、河北、湖北、甘肃、云南。

发生 1年多代,成虫多见于2—9月。

寄主 十字花科葶菜、荠菜等。

背面

腹面

39 菜粉蝶

Pieris rapae (Linnaeus, 1758)

科 粉蝶科 Pieridae
属 粉蝶属 *Pieris* Schrank, 1801

形态特征 中型粉蝶。雄蝶前翅背面粉白色,近基部散布黑色鳞片,顶角区有1枚三角形的大黑斑,外缘白色,亚端有2枚黑斑,其中下方1枚常退化或消失;后翅略呈卵圆形,背面白色,基部散布黑色鳞片,顶角附近有1枚黑斑。前翅腹面大部白色,顶角区密被淡黄色鳞片;亚端的黑斑色较翅背面深;后翅腹面布满淡黄色鳞片,其间疏布灰黑色鳞片,在中室下半部最为密集、醒目。雌蝶体形较雄蝶略大;翅面淡灰黄白色,斑纹排列同雄蝶,但色较深,特别是臀角附近的黑斑显著,并在其下方另有1条黑褐色带状纹,沿着后缘伸向翅基;翅腹面斑纹也与雄蝶相同,但黄色鳞片色更深。

地理分布 产于保护区各地。分布于全国各省份。

发生 1年多代,成虫多见于2—11月。

寄主 十字花科芸薹属、白花菜科植物。

背面

腹面

40 飞龙粉蝶

Talbotia naganum (Moore, 1884)

科　粉蝶科 Pieridae
属　飞龙粉蝶属 *Talbotia* Bernardi, 1958

形态特征　中小型粉蝶。雄蝶翅背面白色;前翅顶角及相邻外缘为不规则黑色,中室端具小黑斑,中域具2枚黑斑。前翅腹面白色,前缘、顶角及相邻外缘乳黄色,黑斑如背面;后翅腹面乳黄色。雌蝶前翅中室下方至外发出2条褐色带,后翅背面基部散布灰色鳞片,外缘各脉端具褐色大斑。

地理分布　产于双坑口、黄桥。分布于西南、华中、华南、华东。

发生　1年多代,成虫多见于4—11月。

寄主　伯乐树。

背面　　　　　　　　　　　　　腹面

◆ 第三章　斑蝶科

　　中型或大型美丽的蝴蝶。体黑色,头、胸部有白色小点;翅色艳丽,黄、黑、灰或白色,有的有闪光。喜在日光下活动,飞翔缓慢、优美。有特殊的臭味,可避鸟类及肉食昆虫的袭击,因此常被其他蝴蝶所模拟。有群栖性,有的还能成群迁飞。

　　寄主主要是萝藦科、夹竹桃科等植物。

　　主要分布于热带。全世界已知150种。中国记载25种。保护区记载3属4种。

41 金斑蝶

Danaus chrysippus (Linnaeus, 1758)

科 斑蝶科 Danaidae
属 斑蝶属 *Danaus* Kluk, 1780

形态特征 中小型斑蝶。头胸部黑色,带白色斑点和线纹;腹部背面橙色,腹面灰白色。翅背面橙色;前翅前缘至顶角附近黑褐色,其中央有1道白色斜带;前、后翅外缘带黑边,内有1~2列白色斑点;后翅中室前侧翅脉带3个黑斑点。翅腹面斑纹与背面大致相同,但白色斑点较发达,前翅顶角白色斜带外侧呈橙褐色。雄蝶后翅Cu2室内有黑色性标。

地理分布 产于双坑口。分布于浙江、福建、江西、台湾、陕西、湖北、湖南、西藏、四川、贵州、云南、广东、广西、海南、香港等。

发生 1年1代,成虫多见于6—8月。

寄主 夹竹桃科植物。

42　虎斑蝶

Danaus genutia (Cramer, [1779])

科　斑蝶科 Danaidae
属　斑蝶属 *Danaus* Kluk, 1780

形态特征　中型斑蝶。头胸部黑色,带白色斑点和线纹;腹部橙色。翅背面呈橙色,翅脉为黑色;前翅前缘至顶角附近黑褐色,其中央有1道白色斜带;前、后翅外缘带黑边,内有1~2列白色斑点。翅腹面斑纹大致相同,白色斑点较发达。雄蝶后翅 Cu2 室内有黑色性标。

地理分布　产于洋溪。分布于浙江、福建、台湾、江西、湖北、湖南、河南、西藏、四川、贵州、云南、广东、广西、海南、香港等。

发生　1年1代,成虫多见于6—8月。

寄主　萝藦科鹅绒藤属植物。

背面　　　　　　　　　　　腹面

43　大绢斑蝶

Parantica sita Kollar, [1844]

科　斑蝶科 Danaidae
属　绢斑蝶属 *Parantica* Moore, [1880]

形态特征　中大型斑蝶。头胸部黑褐色,带白色斑点及线纹;雄蝶腹部黑褐色或红褐色,节间带白纹,雌蝶腹部则呈白色。前翅背面主色为深褐色,后翅背面主色为红褐色,有淡蓝色带光泽的半透明斑纹,其形状由接近基部长斑块,至靠外缘的斑点状,后翅淡蓝色斑纹集中在内侧,外侧仅有模糊斑点或无斑。翅腹面斑纹与背面大致相同,但底色较淡,后翅外侧带2列白色斑点。雄蝶后翅臀角附近带有黑色暗斑状性标。雌蝶翅形较宽。

地理分布　产于双坑口。分布于黄河以南地区。

发生　1年1代,幼虫越冬,成虫多见于7—8月。

寄主　牛奶菜、鹅绒藤、贵州娃儿藤等植物。

44 拟旖斑蝶

Ideopsis similis (Linnaeus, 1758)

科　斑蝶科 Danaidae

属　旖斑蝶属 *Ideopsis* Horsfield, 1857

形态特征　中型斑蝶。体色呈黑褐色,头胸部带白色斑点及线纹,腹部腹面灰白色。翅背面主色为深褐色,布满半透明淡蓝色的斑纹,其形状由接近基部的长条状,至靠外缘的斑点状,前翅中室端的浅蓝斑略向内侧凹陷。翅腹面斑纹大致相同,但底色较淡。

地理分布　产于洋溪。分布于浙江、福建、广东、广西、云南、台湾、海南、香港。

发生　1年多代,成虫多见于6—8月。成虫全年可见。

寄主　萝摩科娃儿藤属植物。

背面　　　　　　　　　　　　　腹面

第四章　环蝶科

　　大型或中型蝴蝶。翅颜色多暗而不鲜艳,为黄、灰、棕、褐或蓝色,有的有蓝色金属斑,翅上有大型的环状纹,外形略似眼蝶。生活在密林、竹丛中,早晚活动;飞翔波浪式,忽上忽下,较易捕捉,可以成熟果实诱得。

　　寄主为单子叶植物,如棕榈科、禾本科、百合科。

　　主要分布在热带、亚热带。全世界已知80余种。中国记载24种。保护区记载3属5种。

45 纹环蝶
Aemona amathusia (Hewitson, 1867)

科 环蝶科 Amathusiidae
属 纹环蝶属 *Aemona* Hewitson, 1868

形态特征 中型环蝶。体形较小。雄蝶翅背面淡黄色,可见1条贯穿前、后翅的横带,前翅顶角及外缘颜色更深暗;翅腹面有明显的深色横带,外侧有眼纹斑,其中前翅圆斑常退化缩小,后翅的香鳞较不明显。雌蝶翅背面为棕褐色,前翅顶角突出,顶角及外缘黑带明显,后翅棕带外侧有模糊的褐色钩形斑纹;后翅腹面的圆斑更为发达和明显。

地理分布 产于双坑口、黄桥。分布于福建、广东、广西、云南、西藏等地。

发生 1年1~2代,成虫多见于5—8月。

寄主 百合科菝葜属植物。

背面　　　　　　　　　　　腹面

46　灰翅串珠环蝶

Faunis aerope (Leech, 1890)

科　环蝶科 Amathusiidae
属　串珠环蝶属 *Faunis* Hübner, [1819]

形态特征　中型环蝶。翅形较圆。翅背面为浅灰色,靠边缘的颜色更深,呈灰褐色,其中雌蝶前、后翅边缘的灰褐色区域面积更大更明显。翅腹面灰色较背面深,翅基、中央及亚外缘各有1条暗色纹,中央偏外侧有1串白色圆斑,圆斑较串珠环蝶小,部分个体缩小退化;雌蝶翅白色圆斑较雄蝶明显。

地理分布　产于双坑口、黄桥、洋溪。分布于福建、浙江、四川、陕西、甘肃、贵州、湖北、湖南、广东、海南、云南、西藏。

发生　1年1代,成虫多见于6—8月。

寄主　菝葜、芭蕉、麦冬等植物。

背面　　　　　　　　　　　　腹面

47 箭环蝶

Stichophthalma howqua (Westwood, 1851)

科 环蝶科 Amathusiidae
属 箭环蝶属 *Stichophthalma*
　 C. & R. Felder, 1862

形态特征 大型环蝶。雄蝶翅背面为均匀的橙黄色,前翅翅顶有黑色纹,前、后翅外缘排列着清晰的黑色箭形纹;翅腹面有2道黑褐色线纹,前、后翅排列着1串橙色圆斑。雌蝶翅斑纹与雄蝶相似,翅腹面底色更偏青黄,前、后翅的外横线外伴有白斑。

地理分布 产于双坑口。分布于安徽、浙江、江西、海南、台湾等。

发生 1年1代,成虫多见于6—8月。

寄主 禾本科芒属及多种竹属植物。

48 双星箭环蝶

Stichophthalma neumogeni Leech, 1892

科 环蝶科 Amathusiidae
属 箭环蝶属 *Stichophthalma* C. & R. Felder, 1862

形态特征 中大型环蝶，是箭环蝶属中体形最小的种类。与箭环蝶相似，但体形显著小；翅形更圆，翅背面颜色为统一的橙黄色；雌蝶前翅背面的前角有清晰的白斑，而箭环蝶的雌蝶往往没有白斑。

地理分布 产于双坑口。分布于浙江、福建、江西、湖北、四川、重庆、湖南、陕西、甘肃、云南、西藏等。

发生 1年1代，成虫多见于6—8月。

寄主 禾本科箬竹属、箣竹属植物。

49 华西箭环蝶

Stichophthalma suffusa Leech,1892

科　环蝶科 Amathusiidae
属　箭环蝶属 *Stichophthalma* C. & R. Felder, 1862

形态特征　大型环蝶。与箭环蝶相似,曾长期作为箭环蝶的亚种。其后翅背面外缘的黑色箭形纹更为粗大,且靠后缘的黑斑几乎融合弥漫,基本不呈独立的箭形纹。

地理分布　产于保护区各地。分布于浙江、福建、江西、云南、四川、湖北、湖南、贵州、重庆、广西、广东。

发生　1年1代,成虫多见于6—8月。

寄主　禾本科植物。

背面　　　　　　　　　　腹面

第五章　眼蝶科

　　小型或中型的蝴蝶。翅颜色暗而不鲜艳,多为灰褐、黄褐或黑褐色,少数红色或白色,翅上通常有较醒目的外横列眼状斑或圆纹。飞翔呈波浪形,喜早晚活动,在林缘、林下、竹丛中穿梭。有的取食树汁、果实,或吸食动物粪便、尸体。有季节性的变异,旱季翅腹面呈保护色,模拟枯叶,眼纹退化。

　　寄主主要为禾本科植物。部分种类是水稻等作物的重要害虫,少数种类取食蕨类植物。世界广布。全世界已知3000余种。中国记载300余种。保护区记载12属37种。

50　暮眼蝶

Melanitis leda (Linnaeus, 1758)

科　眼蝶科 Satyridae
属　暮眼蝶属 *Melanitis* Fabricius, 1807

形态特征　中型眼蝶。身体呈褐色,腹部颜色较淡。前翅近乎直角三角形,外缘近顶角有角状突出,旱季个体尤其发达,后翅外缘带小尾突。翅背面呈褐色,前翅近顶区有1个内带2个白斑的椭圆形黑色眼纹,其内缘有橙色纹,后翅外缘区近臀角有2~3个圆形眼纹;旱季型的前翅斑纹较发达。翅腹面呈明显季节性变异:湿季型呈黄褐色,带密集褐色细波纹,前、后翅外缘区各带1列明显眼纹;旱季型底色呈土黄色至褐色,带有斑驳的深色斑块或只有相对均一的细纹,前翅中央有2道斜纹,后翅则有1道,眼纹仅余白点或完全消退。

地理分布　产于双坑口、洋溪。分布于长江以南地区。

发生　1年多代,成虫全年可见。

寄主　水稻、芒、薏苡、升马唐、玉米等植物。

51 睇暮眼蝶

Melanitis phedima (Cramer, [1780])

科 眼蝶科 Satyridae
属 暮眼蝶属 *Melanitis* Fabricius, 1807

形态特征 中大型眼蝶。外形与暮眼蝶十分相似,主要区别在于:本种翅形略宽阔;雄蝶翅背面呈深褐色,湿季型前翅眼纹不明显;旱季型个体前翅的橙色纹常扩散至眼纹四周;翅腹面底色较暮眼蝶深,湿季型个体尤其明显。

地理分布 产于保护区各地。分布于黄河以南地区。

发生 1年多代,成虫全年可见。

寄主 禾本科芒属、莠竹属植物。

背面	腹面
背面	腹面
背面	腹面

52 曲纹黛眼蝶

Lethe chandica Moore, [1858]

科　眼蝶科 Satyridae
属　黛眼蝶属 *Lethe* Hübner, [1819]

形态特征　中大型眼蝶。雄蝶前翅呈三角形,后翅具尾突;翅背面黑褐色,其中基半部色深,端半部色浅;翅腹面棕褐色,前、后翅中部有2条红棕色中带贯穿全翅,其中后翅外横带的中部强烈向外凸出,前、后翅亚外缘分别有5个和6个眼斑,其中后翅眼斑内黑纹形状不规则。雌蝶翅背面呈红褐色,前翅中央有鲜明的倾斜白带,后翅亚外缘有明显的黑斑。

地理分布　产于双坑口、黄桥、洋溪。分布于浙江、福建、广东、广西、云南、台湾、西藏等。

发生　1年多代,成虫多见于5—10月。成虫几乎全年可见。

寄主　禾本科多种竹属植物。

背面(雄)　　腹面(雄)

背面(雌)　　腹面(雌)

53 棕褐黛眼蝶

Lethe christophi Leech, 1891

科　眼蝶科 Satyridae
属　黛眼蝶属 *Lethe* Hübner, [1819]

形态特征 中大型眼蝶。雄蝶翅背面灰褐色,后翅有大块的黑色性标,亚外缘隐约可见黑色眼斑;翅腹面为棕褐色带紫色光泽,前、后翅的外中区和内中区各有1道深棕色的中带,前翅中室内有1条深色线,后翅亚外缘有6个眼斑,眼斑较小,外侧为红棕褐色。雌蝶斑纹与雄蝶相似,但后翅背面无性标。

地理分布 产于黄桥、洋溪。分布于浙江、福建、江西、湖北、广东、台湾等地。

发生 1年2代,成虫多见于5—8月。

寄主 玉山竹。

背面　　　　　　　　　　　　腹面

54　白带黛眼蝶

Lethe confusa Aurivillius, 1897

科　眼蝶科 Satyridae
属　黛眼蝶属 *Lethe* Hübner, [1819]

形态特征　中小型眼蝶。雌、雄斑纹相似。翅背面黑褐色，前翅顶角处有2个小白斑，中央有1条宽阔的白色斜带，由前缘中部倾斜至后角；翅腹面棕褐色，前翅顶角处有3个眼斑，后翅外中区及内中区各有1条紫白色中带，外侧中带曲折，亚外缘有6个眼斑，瞳心为白，外围包裹黄纹，其中最上方眼斑硕大，最下方眼斑小，双瞳。

地理分布　产于保护区各地。分布于浙江、福建、广东、广西、香港、云南、四川、贵州等。

发生　1年多代，成虫多见于5—10月。

寄主　禾本科莠竹属、芒属植物。

背面　　　　　　　　　　　腹面

55 苔娜黛眼蝶

Lethe diana (Butler, 1866)

| 科 | 眼蝶科 Satyridae |
| 属 | 黛眼蝶属 *Lethe* Hübner, [1819] |

形态特征 中型眼蝶。雌、雄相似。翅背面灰褐色,后翅背面前缘的中部有1大块浅色斑,亚外缘的眼斑极不明显。前翅腹面后缘中部有黑色长毛,外中区的中带将前翅分成深浅2个色区,前、后翅腹面亚外缘眼斑被清晰的紫白色环包围,后翅外缘线内侧有1道清晰的紫白色边纹。

地理分布 产于双坑口、洋溪。分布于浙江、河南、陕西、江西、辽宁、吉林等地。

发生 1年3~4代,成虫多见于4—10月。

寄主 禾本科刚竹属植物。

56 黛眼蝶

Lethe dura (Marshall, 1882)

科　眼蝶科 Satyridae
属　黛眼蝶属 *Lethe* Hübner, [1819]

形态特征　中型眼蝶。雄蝶前翅近三角形,后翅外缘呈波状,具尾突。翅背面黑褐色,前翅无斑纹,后翅外侧有1片淡灰褐色带,其内有数个黑色斑点呈弧状排列;翅腹面褐色,前、后翅沿外缘有橙色细带,其内有白边,前翅中室有1条淡色短条,前翅前缘中部至后角有1条淡色斜带,亚顶角有2个不明显的小圆斑,后翅有1条深色中带贯穿,其内有紫白色镂空纹及云状纹,其外有1列弧形的眼斑,瞳心为白,并有紫白色外圈。雌蝶斑纹与雄蝶类似,但翅形更阔,翅面淡色区较大。

地理分布　产于双坑口。分布于浙江、福建、台湾、陕西、四川、云南、湖北、广东。

发生　1年2代,成虫多见于5—9月。

寄主　禾本科多种竹属植物。

57　长纹黛眼蝶

Lethe europa (Fabricius, 1775)

科　眼蝶科 Satyridae
属　黛眼蝶属 *Lethe* Hübner, [1819]

形态特征　中型眼蝶。雄蝶翅背面灰褐色,前翅顶角有2~3个小白斑,中部隐约可见淡色横带,前、后翅外缘有细小的黄白色边纹;翅腹面黑褐色,前翅中部有黄白色斜带,斜带外有1列弯曲的眼斑,1条白色中带贯穿前、后翅中室至后翅内缘,后翅亚外缘有6个大型眼状纹,最上方的眼斑为圆形、实心的黑斑,下方的眼斑呈长条或椭圆状,前、后翅外缘有橙色细带,内侧伴有白色细边。雌蝶前翅有1条宽阔的白色斜带,其余斑纹类似雄蝶。

地理分布　产于双坑口、洋溪。分布于江西、浙江、福建、广东、广西、云南、台湾、西藏、香港等。

发生　1年多代,成虫几乎全年可见。

寄主　禾本科䓌竹属及多种竹属植物。

背面

腹面

58　深山黛眼蝶

Lethe hyrania (Kollar, 1844)

科　眼蝶科 Satyridae
属　黛眼蝶属 *Lethe* Hübner, [1819]

形态特征　中小型眼蝶。雄蝶翅背面棕褐色,前翅中央有模糊的浅色斜线,后翅亚外缘有黑色眼斑;翅腹面褐色,并有部分泛红褐色,前、后翅外缘有浅色细带纹,前翅中室中央有2条红褐色细线,中部有浅色斜线,亚顶角处有3个眼斑,后翅中央有2道红褐色线纹贯穿翅面,内侧线直,外侧线曲折,外缘有弧状排列的眼斑,眼斑外镶黄白色环纹,近臀角及后缘的眼斑外常有红褐色纹。雌蝶前翅背面近顶角处有清晰的小斑,中央有宽阔倾斜的白带。

地理分布　产于双坑口、洋溪。分布于浙江、福建、广东、广西、台湾、海南、云南、四川等。

发生　1年多代,成虫多见于4—8月。

寄主　禾本科多种竹属植物。

背面　　　　　　　　　　　　腹面

59　直带黛眼蝶

Lethe lanaris Butler, 1877

科　眼蝶科 Satyridae
属　黛眼蝶属 *Lethe* Hübner, [1819]

形态特征　中大型眼蝶。雄蝶前翅较尖；翅背面黑褐色，后翅亚外缘有数个眼斑；翅腹面色泽淡，前翅内、外区底色不同，内侧深，外侧浅，亚外缘有竖直排列、大小相等的5个眼斑，后翅亚外缘有6个清晰的眼斑。雌蝶翅形更阔，色泽较雄蝶淡，前翅背面有1道外斜的白线。

地理分布　产于双坑口、洋溪。分布于浙江、江西、福建、四川、甘肃、陕西、河南、重庆、湖北、海南。

发生　1年多代，成虫多见于6—10月。

寄主　禾本科多种竹属植物。

60 蛇神黛眼蝶

Lethe satyrina Bulter, 1871

科 眼蝶科 Satyridae
属 黛眼蝶属 *Lethe* Hübner, [1819]

形态特征 中型眼蝶。雌、雄斑纹相似。翅形圆阔;翅背面灰褐色,前翅顶角有模糊的眼斑,中部有弧形淡色斜纹,后翅亚外缘有数个眼斑;翅腹面色泽较背面淡,前、后翅外缘有黄白色细线,前翅前缘中部有清晰白纹,外缘有2个眼斑,后翅中部有2条深色中带,中带内侧伴有紫白色边线,外中带中部向外凸出,亚外缘有6个清晰眼斑,瞳心为白,外围包裹黄纹。

地理分布 产于双坑口、黄桥、洋溪。分布于浙江、福建、江西、上海、陕西、河南、湖北、贵州、四川。

发生 1年2代,成虫多见于5—9月。

寄主 禾本科多种竹属植物。

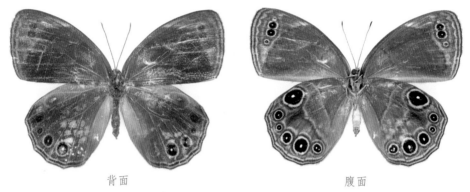

背面　　　　　　　　　腹面

61　连纹黛眼蝶

Lethe syrcis Hewitson, 1863

科　眼蝶科 Satyridae
属　黛眼蝶属 *Lethe* Hübner, [1819]

形态特征　中型眼蝶。翅背面灰褐色,后翅外缘有 4 个硕大的黑色眼斑,外围包裹黄边;翅腹面淡黄灰色,前、后翅外缘为黄色,边缘为黑色细线,内侧还伴有白纹,前翅有 2 条深色线,后翅亚外缘有 5 个眼斑,眼斑外围伴有白纹,外中区及内中区的深色带在靠臀角处汇合,外中区的深色带在中部尖突。

地理分布　产于保护区各地。分布于浙江、江西、福建、黑龙江、陕西、江西、河南、四川、广西、广东、重庆等地。

发生　1 年多代,多见于 5—11 月。

寄主　禾本科多种竹属植物。

背面

腹面

62　布莱荫眼蝶

Neope bremeri (C. & R. Felder, 1862)

科　眼蝶科 Satyridae
属　荫眼蝶属 *Neope* Moore, 1866

形态特征　中大型眼蝶。高温型个体较大;翅背面深褐色,基部至中域颜色较淡,前翅中域外侧具许多大小不等的黄斑,雄蝶前翅中域具暗色性标,后翅中域外侧具1列黄色斑,内具黑褐色圆斑;后翅腹面呈灰褐色,具深褐色和褐色斑纹,后翅中域外侧具7或8个眼斑,前翅腹面中域外侧具4个眼斑。低温型个体稍小;翅背面黄褐色,翅中域外侧的黄斑发达,前翅基部翅脉呈黄色;翅腹面黄褐色,眼斑较小,其中前翅通常仅有3个眼斑,后翅具8个眼斑。

地理分布　产于双坑口、黄桥。分布于安徽、浙江、福建、江西、广东、广西、海南、四川、云南、陕西、台湾。

发生　1年多代,成虫多见于2—11月。

寄主　禾本科芒属及多种竹属植物。

63　黄荫眼蝶

Neope contrasta Mell, 1923

科　眼蝶科 Satyridae
属　荫眼蝶属 *Neope* Moore, 1866

形态特征　中大型眼蝶。与蒙链荫眼蝶相似,但本种翅色偏黄。前翅背面前缘上侧具1个黄色小斑,前翅中域外侧通常具4个眼斑,其中第2个眼斑呈黄白色;后翅背面中域外侧具1列深褐色的眼斑。翅腹面斑纹模糊,眼斑极小。

地理分布　产于洋溪。分布于安徽、浙江、福建、湖南、四川。

发生　1年1代,成虫多见于3—6月。

寄主　禾本科竹亚科植物。

64 蒙链荫眼蝶

Neope muirheadii (C. & R. Felder, 1862)

科　眼蝶科 Satyridae

属　荫眼蝶属 *Neope* Moore, 1866

形态特征　中大型眼蝶。翅背面褐色，中域外侧通常具1列黑斑；后翅腹面具灰褐色和深褐色细纹，中域通常具1条白色或黄白色的纵带，前翅中域外侧具4个黑色眼斑，后翅中域外侧具8个黑色眼斑。

地理分布　产于双坑口。分布于江苏、上海、浙江、福建、江西、湖北、湖南、广东、广西、四川、云南、陕西、河南、香港。

发生　1年多代，成虫多见于4—10月。

寄主　水稻、竹类。

背面

腹面

背面

腹面

65 黄斑荫眼蝶

Neope pulaha (Moore, [1858])

科 眼蝶科 Satyridae
属 荫眼蝶属 *Neope* Moore, 1866

形态特征 中大型眼蝶。翅背面深褐色;前翅仅背面中域翅脉呈黄色,中域外侧具许多大小不等的黄斑,雄蝶前翅中域具暗色性标;后翅基部至中域颜色较淡,中域外侧具 1 列黄色斑,内具黑褐色圆斑。后翅腹面呈棕褐色,具许多深灰白色和淡黄褐色的波纹、环纹,后翅基部具 3 个小黄斑,后翅中域外侧具 7 个眼斑。

地理分布 产于双坑口。分布于浙江、福建、江西、广东、广西、四川、陕西、台湾。

发生 1 年多代,成虫多见于 4—9 月。

寄主 禾本科竹亚科植物。

66 黑斑荫眼蝶
Neope pulahoides (Moore, [1892])

科	眼蝶科 Satyridae
属	荫眼蝶属 *Neope* Moore, 1866

形态特征 中大型眼蝶。翅背面深褐色,前翅中域翅脉呈黄色,雄蝶前翅中域无暗色性标。后翅腹面呈棕褐色,具许多深褐色和黄褐色斑纹,后翅中域外侧的眼斑较小。

地理分布 产于黄桥、碑排。分布于浙江、四川、云南。

发生 1年多代,成虫多见于3—9月。

寄主 禾本科竹亚科植物。

背面   腹面

67　大斑荫眼蝶

Neope ramosa Leech, 1890

科　眼蝶科 Satyridae
属　荫眼蝶属 *Neope* Moore, 1866

形态特征　中大型眼蝶。雄蝶前翅中域具褐色性标，与黄斑荫眼蝶近似，但本种体形较大，翅腹面底色较淡，斑纹呈黑褐色，斑纹和眼斑相对较为清晰。

地理分布　产于双坑口。分布于安徽、浙江、福建、湖北、河南、四川。

发生　1年1代，成虫多见于7—9月。

寄主　禾本科竹亚科植物。

68 宁眼蝶

Ninguta schrenkii (Ménétriès, 1859)

科　眼蝶科Satyridae
属　宁眼蝶属 *Ninguta* Moore, 1892

形态特征　大型眼蝶。翅形圆。翅背面黑褐色;前翅顶端部有1~2个小黑点;后翅有5个黑斑,中间1个最小。翅腹面紫褐色;前翅具眼状斑,中横线波曲,中室端脉黑色,中室内有1条细纹,中横线和内横线构成"凸"字形;前、后翅亚外缘各有2条棕色横线。

地理分布　产于双坑口、黄桥。分布于福建、浙江、黑龙江、辽宁、陕西、四川。

发生　1年1代,成虫多见于7—9月。

寄主　莎草科薹草属植物。

背面　　　　　　　　　　　腹面

69　蓝斑丽眼蝶

Mandarinia regalis (Leech, 1889)

科　眼蝶科 Satyridae
属　丽眼蝶属 *Mandarinia* Leech, [1892]

形态特征　小型眼蝶。雄蝶翅背面黑褐色,闪金属蓝光泽,前翅略尖,有1条宽阔的蓝色斜带,较直,后翅较圆阔,中室有黑褐色毛束;翅腹面灰褐色,前翅中下部有半椭圆状淡色区,前、后翅外缘有2道银白色波状纹,波纹内为1串眼斑。雌蝶翅形明显较圆,前翅背面的蓝色斜斑明显较细且弯曲。

地理分布　产于双坑口。分布于江西、浙江、福建、安徽、河南、陕西、四川、湖北、广东、海南等。

发生　1年1代,成虫多见于5—9月。

寄主　天南星科菖蒲属植物。

背面　　　　　　　　　　腹面

70 拟稻眉眼蝶

Mycalesis francisca (Stoll, [1780])

科　眼蝶科 Satyridae
属　眉眼蝶属 *Mycalesis* Hübner, [1818]

形态特征　中小型眼蝶。斑纹排列与稻眉眼蝶十分相似,区别在于:本种底色呈深褐色;翅腹面中央的直纹和外缘区的窄纹呈淡紫色;雄蝶后翅背面近前缘性标毛束淡黄色,前翅背面后缘另有带黑色毛束的性标。旱季型两翅腹面外侧密布灰白色鳞片。

地理分布　产于保护区各地。分布于东北、华东、华南及西南地区。

发生　1年3代,成虫多见于8月,在南方全年可见。

寄主　水稻、芒等禾本科植物。

背面　　　　　　　　　　　腹面

71　稲眉眼蝶

Mycalesis gotama Moore, 1857

科　眼蝶科 Satyridae
属　眉眼蝶属 *Mycalesis* Hübner, [1818]

形态特征　中小型眼蝶。与其他眉眼蝶比较,本种底色明显较浅;前翅背面有一小一大明显眼纹;翅腹面中央的直纹黄褐色;后翅腹面外侧的眼纹列中,以第5个眼纹最大;雄蝶后翅背面近前缘性标黄色,毛束褐色。旱季型两翅腹面外侧密布灰白色鳞片。

地理分布　产于保护区各地。分布于东北、华东、华南及西南地区。

发生　1年5代,成虫多见于5—10月,在南方全年可见。

寄主　水稻、竹。

背面　　　　　　　　　　　　　　腹面

72　上海眉眼蝶

Mycalesis sangaica Butler, 1877

科　眼蝶科 Satyridae
属　眉眼蝶属 *Mycalesis* Hübner, [1818]

形态特征　中小型眼蝶。躯体背面褐色,腹面颜色较淡。翅背面底色褐色,两翅中央或隐约有浅色直纹,前翅外侧有1个明显眼纹,沿前、后翅外缘有2道平行的浅色窄纹。翅腹面底色较淡,两翅中央各有1道淡紫色直纹带,其内侧带细碎波纹,外缘有2道平行的米色窄纹,前翅外侧有2~4个眼纹,后翅外侧有7个眼纹。雄蝶后翅背面近前缘的毛束呈黄色和黑色,后翅靠内缘另有1条黑色毛束性标延伸至毛束外,并呈黄色。

地理分布　产于保护区各地。分布于浙江、上海、江西、福建、广东、广西、云南、台湾。

发生　1年多代,成虫除冬季外全年可见。

寄主　芒、知风草、狗尾草等。

背面

腹面

背面

腹面

73 褐眉眼蝶
Mycalesis unica Leech, [1892]

科 眼蝶科 Satyridae
属 眉眼蝶属 *Mycalesis* Hübner, [1818]

形态特征 中小型眼蝶。本种体形与稻眉眼蝶近似,但前翅背面眼纹位置在顶区附近,前翅腹面也以靠顶区的第1个眼纹最大,后翅外侧第3、4眼纹常扭曲或消退。本种眼纹相对独特,因此不易与其他眉眼蝶混淆。

地理分布 见于双坑口。分布于湖南、广东、福建、四川、浙江。

发生 世代数未明,成虫多见于6—8月。

寄主 未明。

74　白斑眼蝶

Penthema adelma (C. & R. Felder ,1862)

科　眼蝶科 Satyridae
属　斑眼蝶属 *Penthema* Doubleday, [1884]

形态特征　大型眼蝶。雌、雄斑纹相似。翅背面为黑褐色；前翅背面有倾斜的宽阔白斑，非常容易与属内其他种类区分，外缘与亚外缘各有1列白色斑点；后翅上半部的外缘有白色边纹，部分个体有数量不等的白色斑点。腹面斑纹与背面相似，底色偏棕褐色。

地理分布　产于双坑口、黄桥、洋溪。分布于浙江、福建、广东、江西、湖北、广西、台湾、四川、陕西。

发生　1年多代，成虫多见于5—8月。

寄主　禾本科竹亚科植物。

背面

腹面

75　颠眼蝶

Acropolis thalia (Leech, 1891)

科　眼蝶科 Satyridae
属　颠眼蝶属 *Acropolis* Hemming, 1934

形态特征　小型眼蝶。翅背面为灰褐色，中间有1道白带贯穿前、后翅，后翅外缘有2道黄色边纹，前翅顶角及后翅前、后角隐约可见3个腹面的眼斑。翅腹面斑纹与背面相似，但眼斑清晰明显，其中最下方的眼斑硕大，眼斑外围为黄圈，还环绕着蓝灰色边纹，眼斑中心为白点。雌、雄斑纹相似，但雌蝶翅形明显圆阔。

地理分布　产于双坑口、黄桥。分布于浙江、福建、广东、四川。

发生　1年1代，成虫多见于5—7月。

寄主　江南卷柏。

76 黑纱白眼蝶

Melanargia lugens (Honrather, 1888)

科　眼蝶科 Satyridae
属　白眼蝶属 *Melanargia* Meigen, [1828]

形态特征　中型眼蝶。翅背面黑褐色面积很大,中室内侧下方为长条形白斑,后翅亚外缘区几乎全为黑褐色。后翅腹面前缘有2个黑色眼斑,清晰可见,可以与其他白眼蝶区分。

地理分布　产于双坑口、黄桥。分布于浙江、江西、湖南、安徽。

发生　1年1代,成虫多见于6—8月。

寄主　水稻、竹类。

77 蛇眼蝶
Minois dryas (Scopoli, 1763)

科	眼蝶科 Satyridae
属	蛇眼蝶属 *Minois* Hübner, [1819]

形态特征 中大型眼蝶。雌、雄异色,雄蝶翅背面深棕色;前翅亚外缘有2枚大型眼斑,内具瞳心,瞳心白色至蓝色;后翅翅缘波浪状,亚外缘具1~2枚小型眼斑,内具瞳心。翅腹面深棕色,前翅与背面近似,后翅中部具白色斑带。雌蝶棕黄色,斑纹与雄蝶近似。

地理分布 产于双坑口。分布于东北、华北、华中、华南、华东、西北等地区。

发生 1年1代,成虫多见于7—8月。

寄主 水稻、芒、旱熟禾及竹类。

78 矍眼蝶

Ypthima baldus (Fabricius, 1775)

科　眼蝶科 Satyridae

属　矍眼蝶属 *Ypthima* Hübner, 1818

形态特征　中小型眼蝶。翅形略长；翅背面为深褐色，雄蝶前翅近顶角处具1个眼斑，后翅近臀角处具2个紧靠的眼斑；翅腹面淡褐色，密布褐色细纹，后翅外侧具6个小眼斑，中域常具2条暗色细带。

地理分布　产于双坑口、碑排、洋溪。分布于浙江、福建、江西、广东、广西、海南、云南、西藏、香港、台湾。

发生　1年多代，成虫多见于4—10月。

寄主　禾本科莠竹属、金丝草等。

背面　　　　　　　　　　腹面

79　中华矍眼蝶

Ypthima chinensis Leech, 1892

科　眼蝶科 Satyridae
属　矍眼蝶属 *Ypthima* Hübner, 1818

形态特征　中小型眼蝶。翅背面黑褐色,前翅近顶角和后翅近臀角处各具1个大眼斑,有些个体后翅近顶角及臀角处也具很小的眼斑;翅腹面的波状细纹分布均匀,后翅具3个眼斑,其中近臀角处的2个眼斑互相紧靠。

地理分布　产于双坑口。分布于安徽、浙江、福建、江西、湖南。

发生　1年1代,成虫多见于5—6月。

寄主　禾本科植物。

80　幽矍眼蝶

Ypthima conjuncta Leech, 1891

科　眼蝶科 Satyridae
属　矍眼蝶属 *Ypthima* Hübner, 1818

形态特征　中型眼蝶。翅背面褐色,外缘呈深褐色;雄蝶前翅近顶角处具1个眼斑,后翅近臀角处具2~3个眼斑。翅腹面灰褐色,密布褐色细波纹,中域常具2条褐色暗带,眼斑较背面发达,其外围具有明显的黄环;后翅近顶角处具2个紧靠的眼斑,后翅近臀角处具3个眼斑。雌蝶翅较雄蝶宽大,眼斑更发达。

地理分布　产于双坑口、黄桥。分布于安徽、浙江、福建、江西、河南、湖南、广东、广西、贵州、四川、陕西、台湾。

发生　1年1代,成虫多见于5—9月。

寄主　禾本科植物。

81 密纹矍眼蝶

Ypthima multistriata Butler, 1883

科 眼蝶科Satyridae
属 矍眼蝶属 *Ypthima* Hübner, 1818

形态特征 中小型眼蝶。翅深褐色,翅形稍窄。前翅和后翅背面各具1个小眼斑,其中雄蝶的眼斑外无鲜明的黄色环纹。翅腹面灰白色,密布褐色波纹,后翅外侧具3个眼斑。

地理分布 产于保护区各地。分布于江苏、上海、浙江、福建、江西、辽宁、北京、河北、河南、贵州、四川、云南、台湾。

发生 1年多代,成虫多见于4—11月。

寄主 芒、五节芒、棕叶狗尾草等多种禾本科植物。

背面

腹面

背面

腹面

82 前雾矍眼蝶

Ypthima praenubila Leech, 1891

科 眼蝶科 Satyridae
属 矍眼蝶属 *Ypthima* Hübner, 1818

形态特征 中型眼蝶。翅形较圆。翅背面黑褐色,前翅近顶角具1个较暗的眼斑,后翅近臀角通常具1个较明显的眼斑。翅腹面灰褐色,密布褐色波状细纹;后翅中域外侧常具白色斑带,近顶角处具1个较大的眼斑,近臀角处常具2~3个眼斑。

地理分布 产于双坑口、黄桥。分布于安徽、浙江、福建、江西、广东、广西、香港、台湾。

发生 1年1代,成虫多见于5—7月。

寄主 禾本科短柄草属、金发草属等植物。

背面　　　　　　　　　腹面

83 普氏矍眼蝶

Ypthima pratti Elwes, 1893

科 眼蝶科 Satyridae

属 矍眼蝶属 *Ypthima* Hübner, 1818

形态特征 中型眼蝶。翅背面为深褐色,前翅顶角以及后翅臀角处各具1个较大的眼斑。翅腹面中域外侧区域呈灰白色;后翅顶角及臀角处通常各具2个紧靠着的眼斑,部分个体在2个臀角眼斑的上部还具1个很小的斑点。

地理分布 产于黄桥、洋溪。分布于浙江、福建、江西、湖北、贵州等。

发生 1年多代,成虫多见于5—10月。

寄主 禾本科植物。

背面

腹面

84 大波矍眼蝶

Ypthima tappana Matsumura, 1909

科　眼蝶科 Satyridae
属　矍眼蝶属 *Ypthima* Hübner, 1818

形态特征　中型眼蝶。翅背面为深褐色；眼斑外均具黄色细环；前翅顶角处具1个较大的眼斑；后翅臀角外侧具2个紧靠、等大的眼斑，臀角处具1~2个极小的眼斑。翅腹面灰白色，密布褐色波纹；前翅近顶角处具1个大眼斑；后翅顶角处具1个眼斑，臀角处具3个紧靠、等大的眼斑。

地理分布　产于黄桥。分布于安徽、浙江、福建、江西、海南、河南、台湾。

发生　1年多代，成虫多见于4—10月。

寄主　禾本科求米草属植物。

背面　　　　　　　　　　　　　　腹面

85　卓矍眼蝶

Ypthima zodia Butler, 1871

科　眼蝶科 Satyridae
属　矍眼蝶属 *Ypthima* Hübner, 1818

形态特征　中小型眼蝶。具明显的季节型。翅背面为深褐色，前翅近顶角处具1个眼斑，后翅近臀角处具2个紧靠着的眼斑。低温型个体翅腹面淡褐色，密布褐色细波纹，后翅中域具深色宽带，外缘具6个很小的眼斑。高温型个体翅腹面灰褐色，布有褐色波纹，中域有2条黄褐色的细带，外缘具6个眼斑。

地理分布　产于双坑口。分布于浙江、江苏、福建、江西、河南、四川、贵州、云南等。

发生　1年多代，成虫多见于4—10月。

寄主　禾本科植物。

背面　　　　　　　　　　　腹面

86 古眼蝶

Palaeonympha opalina Butler, 1871

科　眼蝶科 Satyridae
属　古眼蝶属 *Palaeonympha* Butler, 1871

形态特征　中型眼蝶。雌、雄斑纹相似。躯体背侧暗褐色,腹侧浅褐色。翅背面底色呈褐色,被细毛,亚外缘有波状暗色曲线;前翅翅顶附近有1个眼纹;后翅于臀角前方有1条眼纹,于前、外缘交汇处附近有1个模糊黑色圆斑。翅腹面底色为浅黄褐色、泛灰白色;翅面有2道暗色细线贯穿,外侧线以外翅面呈灰白色;前、后翅亚外缘均有2条深褐色细线,外侧线为圆弧线,内侧线为波状线;前翅翅顶附近有1条明显眼纹,其后方各翅室有橄榄形纹,部分具银色小点;后翅有3条明显眼纹及数枚圈纹,眼纹与圈纹内均有银色小点。雄蝶前翅背面暗色性标明显,缘毛浅褐色。

地理分布　产于双坑口、洋溪。分布于浙江、江西、陕西、河南、湖北、四川、台湾。

发生　1年1代,成虫多见于5—6月。

寄主　淡竹叶、求米草、芒、浆果薹草等植物。

第六章　蛱蝶科

　　中型或大型蝴蝶,少数为小型。色彩艳丽,翅形和色斑变化很大。少数种类有性二型,有的呈季节型。喜在日光下活动,飞翔迅速,行动敏捷。多数种类在低地可见。有的在休息时翅不停地扇动;有的飞翔力强,常在叶上将翅展开。常吸花蜜或积水,有些种类喜吸过熟果子的汁液、流出的树汁、牛粪与马粪等。

　　寄主为许多科的双子叶植物。

　　世界广布。全世界已知6100余种。中国记载770余种。保护区记载29属66种。

87 大二尾蛱蝶
Polyra eudamippus (Doubleday, 1843)

科　蛱蝶科 Hymphalidae
属　尾蛱蝶属 *Polyra* Billberg, 1820

形态特征　大型蛱蝶。翅背面为浅黄色。本种翅腹面与二尾蛱蝶翅腹面较为相似,主要区别在于:本种前翅背面没有Y形纹,亚外缘有2列斑点,腹面银白色,基部有2个黑点;后翅背面亚外缘黑色带上有绿色斑点。产地不同,斑纹存在较大差异。雌、雄同型。雌蝶尾突较长,尾尖较钝。

地理分布　产于双坑口、洋溪。分布于浙江、福建、海南、广东、广西、贵州、云南、湖南、四川、湖北、西藏、台湾。

发生　1年多代,成虫多见于5—11月。

寄主　豆科羊蹄甲属、黄檀属、合欢属植物。

88　二尾蛱蝶

Polyra narcaea (Hewitson, 1854)

科　蛱蝶科 Hymphalidae
属　尾蛱蝶属 *Polyra* Billberg, 1820

形态特征　中大型蛱蝶。翅背面为绿色；前翅中域有Y形黑色纹连接前缘，黑色外缘带较宽；前、后翅亚外缘有1列绿色斑点，部分亚种存在斑点相连。前翅腹面花纹基本与背面一致，后翅腹面基部前缘到臀区有褐色横带。雌、雄同型。雌蝶尾突较长，尾尖较钝。

地理分布　产于保护区各地。分布于福建、湖北、湖南、四川、贵州、广东、广西、云南、台湾、北京、河北、河南、山东、山西、陕西、甘肃。

发生　1年2代，成虫多见于4—9月。

寄主　菝葜、山合欢、山油麻。

背面　　　　　　　腹面

背面　　　　　　　腹面

89 忘忧尾蛱蝶

Polyra nepenthes (Grose-Smith, 1883)

科 蛱蝶科 Hymphalidae
属 尾蛱蝶属 *Polyra* Billberg, 1820

形态特征 大型蛱蝶。翅背面为白色;前翅基部到中域具弧形黄色斑,亚外缘有2列白色斑,中室内有1个黑色斑连接到前缘;后翅大面积黄色斑,外缘橙黄色,亚外缘黑色,有2列黑斑,尾突尖长。腹面中室内以及端外有2个黑斑。雌、雄同型。雌蝶尾突较长,第1条尾突较钝,翅背面颜色更淡。

地理分布 产于双坑口、黄桥。分布于江西、浙江、福建、海南、广东、四川、香港。

发生 1年多代,成虫多见于4—11月。

寄主 豆科猴耳环属、鸡血藤属、合欢属、紫藤属等。

背面 腹面

90 迷蛱蝶

Mimathyma chevana (Moore, [1866])

科 蛱蝶科 Hymphalidae
属 迷蛱蝶属 *Mimathyma* Moore, [1896]

形态特征 中型蛱蝶。雄蝶翅背面褐黑色,具类似带蛱蝶的白斑,中室纹、亚顶区白斑和亚外缘白斑均较发达。腹面前翅前缘、中室和顶区银白色,中室内具若干黑点,外缘赭黄色,前缘外 1/3 至臀角有赭黄色斜带;后翅银白色,赭黄色前缘、外缘和中带。雌蝶底色较灰暗,斑纹同雄蝶。

地理分布 产于双坑口、黄桥。分布于秦岭以南各省份。

发生 1年1代,成虫多见于6—8月。

寄主 榆科榆属、榉属及桦木科鹅耳枥属植物。

背面

腹面

91 白斑迷蛱蝶

Mimathyma schrenckii (Ménétriès, 1859)

科　蛱蝶科 Hymphalidae
属　迷蛱蝶属 *Mimathyma* Moore, [1896]

形态特征 大型蛱蝶。雄蝶翅背面褐黑色；前翅亚顶区具短白斑带，前缘中部至臀角上方具宽白斑带，其下有橙、白二色；后翅中域具紫白色大斑，边缘下方染橙色，亚外缘具数目不一的白斑。腹面前翅黑色，基部和顶区银白色，中室端紫白色，前缘和外缘赭黄色，白斑如背面，外中区具橙色带；后翅银白色，具赭黄色前缘、外缘和中带。雌蝶底色较灰暗，斑纹同雄蝶。

地理分布 产于双坑口。分布于西南、华中、华东、华北、东北。

发生 1年1代，成虫多见于6—7月。

寄主 榆科榆属和桦木科鹅耳枥属植物。

92　白裳猫蛱蝶

Timelaea albescens (Oberthür, 1886)

科　蛱蝶科 Hymphalidae
属　猫蛱蝶属 *Timelaea* Lucas, 1883

形态特征　中小型蛱蝶。雌、雄同型。翅形圆润。前、后翅背面黄色,密布各形状黑色斑点。翅腹面斑纹等同前翅;前翅前缘、顶角区有模糊白斑;后翅有较大区域白色,部分地区为浅黄色。雌蝶前翅外缘更圆。

地理分布　产于双坑口、黄桥。分布于浙江、福建、山东、山西、台湾。

发生　1年1代,成虫多见于6—9月。

寄主　紫弹树。

背面

腹面

背面

腹面

93 帅蛱蝶

Sephisa chandra (Moore, [1858])

科　蛱蝶科 Hymphalidae
属　帅蛱蝶属 *Sephisa* Moore, 1882

形态特征　中型蛱蝶。雌、雄异型。雄蝶前翅外缘凹陷,不平整;后翅外缘波浪状。翅背面黑色;前翅中部有5个白斑斜列,中区有4个橙色斑,组成弧形带,外缘有模糊白色斑点;后翅有大面积橙色斑,中室有2个黑斑点,亚外缘有1列黄斑及模糊白斑。翅腹面颜色较暗,花纹等同背面。雌蝶翅背面黑色,带有蓝紫色光泽,前、后翅中室有1块橙色斑,亚外缘有2个白斑。

地理分布　产于双坑口。分布于长江以南各省份。

发生　1年1代,成虫多见于6—8月。

寄主　壳斗科青冈属、栎属植物。

94 黄帅蛱蝶

Sephisa princeps (Fixsen,1887)

科　蛱蝶科 Hymphalidae
属　帅蛱蝶属 *Sephisa* Moore, 1882

形态特征　中型蛱蝶。雌、雄异型。与帅蛱蝶相似,主要区别在于:①本种雄蝶翅面没有任何白色斑纹,前、后翅黄色斑发达,后翅中室没有黑斑。②雌蝶有2种色型:一种翅面白色花纹发达,中室有1个橙色斑;另一种黄色型,翅背面斑纹橙黄色,与雄蝶相似,顶角区有2个白色斑,前翅外缘平直。

地理分布　产于双坑口、黄桥、碑排。分布于福建、江西、浙江、广东、四川、陕西、河南、黑龙江。

发生　1年1代,成虫多见于6—8月。

寄主　壳斗科青冈属、栎属植物。

95 银白蛱蝶

Helcyra subalba (Poujade,1885)

科 蛱蝶科 Hymphalidae

属 白蛱蝶属 *Helcyra* Felder, 1860

形态特征 中型蛱蝶。雌、雄同型。成虫分秀袖型和普通型。秀袖型银白蛱蝶前翅白斑较小,后翅白斑短尖,不延伸到内缘,腹面橙色斑带窄;普通型前翅白斑更少,后翅基本为银白色,橙色斑退化,前翅下缘有灰色斑。

地理分布 产于双坑口、黄桥。分布于长江以南、秦岭以南各省份。

发生 1年2代,成虫多见于5—8月。

寄主 朴树。

背面 腹面

96 傲白蛱蝶

Helcyra superba Leech,1890

科 蛱蝶科 Hymphalidae
属 白蛱蝶属 *Helcyra* Felder, 1860

形态特征 中大型蛱蝶。雌、雄同型。翅背面白色;前翅由顶角到中区为斜向黑色,顶角有2个白斑,中室有1个灰色斑;后翅亚外缘为锯齿状黑线,外中区有数个大小不一黑点。翅腹面为白色,有光泽;后翅亚中区有1列模糊眼斑。

地理分布 产于黄桥。分布于福建、江西、浙江、广东、广西、台湾。

发生 1年2代,成虫多见于5—8月。

寄主 朴树。

97　黑脉蛱蝶

Hestina assimilis (Linnaeus, 1758)

科　蛱蝶科 Hymphalidae
属　脉蛱蝶属 *Hestina* Westwood, [1881]

形态特征　大型蛱蝶。有多型。深色型：前、后翅背面黑色为主，布满青白色斑纹，颇似斑蝶科的青斑蝶类，后翅饰有4个红斑，有的红斑内有黑点。淡色型：前、后翅背面淡灰绿色，几乎仅翅脉为黑色的条纹，后翅红斑消失或极度淡化。中间型：斑纹介于深色型和淡色型之间。翅腹面与翅背面的斑纹相似，后翅翅脉颜色较淡。

地理分布　产于双坑口、黄桥。分布于浙江、福建、辽宁、山西、陕西、云南、香港。

发生　1年2~3代，成虫多见于5—9月。

寄主　榆科朴属植物。

背面　　　　　　　　　　　　腹面

背面　　　　　　　　　　　　腹面

98　大紫蛱蝶

Sasakia charonda (Hewitson, 1863)

科　蛱蝶科 Hymphalidae
属　紫蛱蝶属 *Sasakia* Moore, [1896]

形态特征　大型蛱蝶。雄蝶前、后翅背面为黑褐色,中央有蓝紫色金属光泽,其余部分暗褐色,亚外缘有淡黄色或白色斑列,中室外部饰有大小不等的黄色或白色斑,中室有哑铃状白斑;前翅翅基有长条斑;后翅臀角有2个半月形相连的红色斑。翅腹面与背面的斑纹相似,但无蓝紫色金属光泽区;前翅深褐色区饰黄、白色斑点;后翅大部为浅绿色或浅灰褐色。雌蝶色泽、斑纹与雄蝶相似,但体形较大,翅面不具蓝紫色金属光泽。

地理分布　产于双坑口。分布于浙江、辽宁、北京、湖北、台湾。

发生　1年1代,成虫多见于5—7月。

寄主　朴树、紫弹树。

99　黑紫蛱蝶

Sasakia funebris (Leech, 1891)

科　蛱蝶科 Hymphalidae
属　紫蛱蝶属 *Sasakia* Moore, [1896]

形态特征　大型蛱蝶。翅黑色,翅面基部和中部随着观察的角度不同,呈现蓝黑色或黑紫色,有天鹅绒蓝色光泽。前翅背面翅脉间有长 V 形白色条纹,中室内有 1 条红色纵纹,雄蝶有时不明显。后翅翅脉间有平行白色长条纹。翅腹面与翅背面的斑纹、色泽相似,但前翅中室外部及下方有 4 个灰白色斑点,基部为箭头状红斑,后翅基部有 1 个耳环状红斑。

地理分布　产于双坑口、黄桥。分布于浙江、福建、四川、陕西、甘肃。

发生　1 年 1 代,成虫多见于 6—8 月。

寄主　朴树、紫弹树。

100 素饰蛱蝶

Stibochiona nicea (Gray, 1846)

科 蛱蝶科 Hymphalidae
属 饰蛱蝶属 *Stibochiona* Butler, [1869]

形态特征 小型蛱蝶。雌、雄同型。翅背面为黑色；前翅亚外缘各室有1个白点，中区和外中区各有1列短弧形白点相接；后翅各室白斑发达并延伸到外缘，白斑里有黑点和蓝紫色斑过渡。前翅腹面中室有3个蓝白色斑，其余斑纹与背面基本相同。雌蝶翅面颜色较浅，后翅白斑里蓝紫色斑较浅。

地理分布 产于保护区各地。分布于浙江、江西、福建、广东、海南、广西、云南、四川、西藏。

发生 1年多代，成虫多见于4—9月。

寄主 荨麻科冷水花属植物。

背面   腹面

101 电蛱蝶

Dichorragia nesimachus (Doyère,1840)

科 蛱蝶科 Hymphalidae
属 电蛱蝶属 *Dichorragia* Butler, [1869]

形态特征 中型蛱蝶。翅色深蓝色,雄蝶有光泽。翅背面亚外缘饰相互套叠的白色电光纹;前翅中室外部的白纹上方为长形斑,下方为点状斑,中室内饰有斑纹;后翅外缘有短V形白斑,亚外缘有弧形斑列。翅腹面和背面的斑纹相似。

地理分布 产于双坑口、黄桥。分布于浙江、湖南、四川、海南、台湾、香港。

发生 1年多代,成虫多见于4—9月。

寄主 清风藤科泡花树属植物。

背面

腹面

102　绿豹蛱蝶

Argynnis paphia (Linnaeus, 1758)

科　蛱蝶科 Hymphalidae
属　豹蛱蝶属 *Argynnis* Fabricius, 1807

形态特征　中型蛱蝶。雌、雄异型。雄蝶翅背面橙黄色;雌蝶翅背面成两色型,分别为黄色型及灰色型;雌、雄蝶翅具不规则黑色圆形斑点和线状斑纹。雄蝶前翅具4条黑色性标。雌、雄蝶前翅顶角灰绿色,腹面黑斑比背面显著,中室内具4条短纹;后翅腹面灰绿色,具有金属光泽,无黑斑,具不规则的银白色线条及眼状纹。

地理分布　产于双坑口、黄桥、洋溪。分布于全国各地。

发生　1年1代,成虫多见于5—9月。

寄主　堇菜科堇菜属植物。

背面

腹面

103 斐豹蛱蝶

Argyreus hyperbius (Linnaeus, 1763)

科　蛱蝶科 Hymphalidae
属　斐豹蛱蝶属 *Argyreus* Scopoli, 1777

形态特征　中型蛱蝶。雌、雄异型。雄蝶翅背面橙黄色,有蓝白色细弧状纹,具黑色斑点;前翅端半部黑色,中部有白色斜带。翅腹面与背面差异较大;前翅顶角暗绿色,有白斑;后翅斑纹暗绿色,外缘内侧具5个银色白斑,周围有绿色环状斑纹。雌蝶个体较大,前翅端半部紫黑色,其中有1条白色斜带,其余与雄蝶相似。

地理分布　产于保护区各地。分布于全国各地。

发生　1年4~5代,成虫多见于5—11月。

寄主　堇菜科堇菜属植物。

背面(雄)

腹面(雄)

背面(雌)

腹面(雌)

104　老豹蛱蝶

Argyronome laodice Pallas, 1771

科　蛱蝶科 Hymphalidae
属　老豹蛱蝶属 *Argyronome* Hübner, [1819]

形态特征　中型蛱蝶。翅背面暗橙黄色;前翅具有2条性标,具有3列黑色圆形斑点。前翅腹面斑纹与背面相同,后翅腹面基半部黄绿色,具有2条褐色细线,外侧有5个褐色圆斑。

地理分布　产于双坑口。分布于江苏、浙江、江西、福建、黑龙江、新疆、辽宁、河北、河南、陕西、甘肃、青海、西藏、湖南、湖北、四川、云南、台湾。

发生　1年1代,成虫多见于6—9月。

寄主　堇菜科堇菜属植物。

105 云豹蛱蝶

Nephargynnis anadyomene (C. & R. Felder,1862)

科　蛱蝶科 Hymphalidae
属　云豹蛱蝶属 *Nephargynnia*
　　Shirôzu & Saigusa, 1973

形态特征　中型蛱蝶。翅背面橙黄色,除基部外布满黑色圆斑;前翅外缘斑菱形,雄蝶前翅有1条黑褐色性标。翅腹面颜色淡;前翅中室具3条黑色纹,中室外有2大1小3个黑斑;后翅无黑斑,端半部淡绿色,有灰白色云状纹,中部暗色斑有白色斑点。

地理分布　产于双坑口、洋溪。分布于江西、浙江、福建、黑龙江、吉林、辽宁、山东、山西、河北、宁夏、甘肃、湖北、湖南。

发生　1年1代,成虫多见于5—9月。

寄主　堇菜科堇菜属植物。

背面　　　　　　　　　　　　腹面

106 青豹蛱蝶

Damora sagana Doubleday, [1847]

科　蛱蝶科 Hymphalidae
属　青豹蛱蝶属 *Damora* Nordmann, 1851

形态特征　大型蛱蝶。雌、雄异型。雄蝶翅背面橙黄色,具黑色斑点;前翅具1条黑色性标,前翅中室外具有1个近三角形的橙色无斑区。雌蝶翅背面青黑色,中室内、外各有1个大白斑;后翅外缘有1列白斑,中部有1条白色宽带。雄蝶翅腹面淡黄色;后翅具有圆形暗褐色斑,中央2条细线纹逐渐合并。雌蝶腹面前翅顶角绿褐色,斑纹与背面相似;后翅外缘具有1列白斑,中部具有1条内弯的白色宽横带。

地理分布　产于双坑口、黄桥、碑排。分布于浙江、福建、黑龙江、吉林、陕西、河南、广西。

发生　1年1代,成虫多见于5—9月。

寄主　堇菜科堇菜属植物。

背面

腹面

107 银豹蛱蝶

Childrena children (Gray, 1831)

科　蛱蝶科 Hymphalidae
属　银豹蛱蝶属 *Childrena* Hemming, 1943

形态特征　大型蛱蝶。翅背面橙黄色,具有圆形黑斑;前翅外缘具有1条黑色细线和1列小斑,中室内有4条曲折的横线,雄蝶具有3条黑褐色性标;后翅外缘波纹状,外缘中部有1个宽阔的青蓝色区域,雌蝶该区域更宽。前翅腹面顶角浅黄褐色,具2条白色弧线;后翅腹面灰绿色,有许多银白色纵横交错的网状纹。

地理分布　产于双坑口、黄桥。分布于浙江、江西、福建、陕西、湖北、西藏、云南、广东、广西。

发生　1年1代,成虫多见于6—8月。

寄主　堇菜科堇菜属植物。

背面　　　　　　　　　　　　　　腹面

108 嘉翠蛱蝶
Euthalia kardama (Moore, 1859)

科 蛱蝶科 Hymphalidae
属 翠蛱蝶属 *Euthalia* Hübner, [1819]

形态特征 大型蛱蝶。雄蝶翅背面橄榄绿色；前翅近顶角处有2个白斑，由前缘中部向外排列着8个白斑，其中前5个白斑大，向外倾斜，后3个白斑小，向内倾斜；后翅中部有1条明显的青绿色带斑，内、外边缘分别伴有白斑和黑点，其中靠前缘的2个白斑大，轮廓模糊，往下的白斑逐渐变小。翅腹面色泽淡，斑纹与背面相似。雌蝶斑纹与雄蝶类似，体形更大，翅形更阔。

地理分布 产于黄桥。分布于浙江、福建、陕西、甘肃、四川、重庆、贵州、云南。

发生 1年1代，成虫多见于5—8月。

寄主 棕榈科植物。

109 黄翅翠蛱蝶

Euthalia kosempona Fruhstorfer, 1908

科 蛱蝶科 Hymphalidae
属 翠蛱蝶属 *Euthalia* Hübner, [1819]

形态特征 中大型蛱蝶。雄蝶翅背面橄榄绿色,斑纹较黄,前翅中室内有2个青褐色斑块,顶角的小黄斑边界清晰,前、后翅中部具排列紧密的淡黄色斑块,后翅中部的黄斑外缘呈三角状突出;翅腹面底色偏黄。雌蝶翅背面橄榄绿色,前翅顶角及中部的斑纹为白色,后翅靠前缘有2个小白斑,翅腹面为青褐色,色泽较雄蝶深暗。

地理分布 产于双坑口、洋溪。分布于浙江、福建、广东、江西、湖北、湖南、四川、云南、台湾。

发生 1年1代,成虫多见于6—9月。

寄主 壳斗科锥属、青冈属植物。

背面　　　　　　　　　　　　　腹面

110 珀翠蛱蝶

Euthalia pratti Leech, 1891

科　蛱蝶科 Hymphalidae
属　翠蛱蝶属 *Euthalia* Hübner, [1819]

形态特征　大型蛱蝶。雄蝶前翅顶角尖,后翅圆阔。翅背面橄榄绿色;前翅近顶角处有2个小白斑,由前缘中部向外倾斜排列着5个白斑,与近似种比,白斑小,排列不紧密;后翅外中区近前缘处2个白斑为三角形,部分个体白斑退化,白斑下方延伸较模糊的黑纹,亚外缘有1条明显的深色横带。翅腹面色泽淡,斑纹与翅背面相似,前翅中室内及后翅基部环状纹明显,后翅的白斑带长。雌蝶斑纹与雄蝶类似,但翅形更阔,前翅白斑更发达。

地理分布　产于双坑口、黄桥、洋溪。分布于安徽、浙江、福建、湖北、四川、湖南、江西、重庆、甘肃、云南。

发生　1年1代,成虫多见于6—8月。

寄主　壳斗科栎属植物。

背面　　　　　　　　　　腹面

111 华东翠蛱蝶

Euthalia rickettsi Hall, 1930

科 蛱蝶科 Hymphalidae
属 翠蛱蝶属 *Euthalia* Hübner, [1819]

形态特征 大型蛱蝶。雄蝶前翅顶角较外缘中部凸出。翅背面橄榄绿色;前翅中室内有2个青褐色斑,前翅亚顶角2个小斑及前、后翅中部的斑带为白色;后翅斑带的外缘有不明显的锯齿,并伴有蓝绿色鳞片;前、后翅亚外缘有深色带,其中后翅的深色带宽,并紧靠蓝绿色鳞区。翅腹面色泽淡,斑纹与背面相似,前翅中室及后翅基部的斑纹明显。雌蝶斑纹与雄蝶相似,但体形大,翅形阔,前翅顶角不凸出。

地理分布 产于保护区各地。分布于安徽、浙江、福建。

发生 1年2代,成虫多见于6—8月。

寄主 杜鹃花科杜鹃花属植物。

112　拟鹰翠蛱蝶

Euthalia yao Yashino, 1997

科　蛱蝶科 Hymphalidae

属　翠蛱蝶属 *Euthalia* Hübner, [1819]

形态特征　中型蛱蝶。雄蝶顶角略凸出；翅背面黑褐色，中部及亚外缘有蓝灰色鳞区，翅基部颜色深，前、后翅中室内有黑色环纹，后翅蓝灰色鳞区内有模糊的小黑点形成的横带；翅腹面色泽淡，前翅顶角至后缘中部有1条边界模糊的黑色横带，其余斑纹与背面相似。雌蝶翅形阔，翅面色泽较雄蝶淡，斑纹与雄蝶相似，但前翅中室外围有4个白斑。

地理分布　产于双坑口。分布于浙江、福建、广东、广西、海南、云南、四川、湖北。

发生　1年1代，成虫多见于7—9月。

寄主　壳斗科柯属植物。

113 绿裙蛱蝶

Cynitia whiteheadi (Crowley, 1900)

科 蛱蝶科 Hymphalidae
属 裙蛱蝶属 *Cynitia* Snellen, 1895

形态特征 中型蛱蝶。雄蝶翅背面黑褐色,前翅外缘下侧有短窄的蓝带,后翅外缘有1条较宽的蓝带,由前角至臀角逐渐变粗;翅腹面为灰褐色,基部有不规则环纹。雌蝶翅形更圆阔;翅背面的蓝带较雄蝶更宽,其中后翅的蓝带内移,带内有黑色纹,前翅顶角有2个模糊的白斑,中室端外有5个清晰白斑;翅腹面斑纹类似雄蝶,但前翅有白斑,后翅亚外缘有锯齿状纹。

地理分布 产于双坑口、黄桥。分布于浙江、福建、广东、广西、海南。

发生 1年1代,成虫多见于5—8月。

寄主 木荷。

背面   腹面

114　断眉线蛱蝶

Limenitis doerriesi Staudinger, 1892

科　蛱蝶科 Hymphalidae
属　线蛱蝶属 *Limenitis* Fabricius, 1807

形态特征　中型蛱蝶。与扬眉线蛱蝶非常近似,前翅中室内眉状斑中断,亚外缘2个白斑中,上白斑很小,下白斑较大,后翅亚外缘具1列三角形至近方形的白圈带。

地理分布　产于黄桥、洋溪。分布于浙江、黑龙江、吉林、辽宁、河北、河南、云南。

发生　1年1代,成虫多见于6—7月。

寄主　不明。

115 扬眉线蛱蝶

Limenitis helmanni Lederer, 1853

科　蛱蝶科 Hymphalidae

属　线蛱蝶属 *Limenitis* Fabricius, 1807

形态特征　中型蛱蝶。翅背面黑褐色;前翅中室内有1条纵的眉状白斑,斑近端部中断,端部1段向前尖出;中横白斑列在前翅弧形弯曲,在后翅带状,边缘不齐;前、后翅的亚缘线在雄蝶翅上不明显。翅腹面红褐色,后翅基部及臀区蓝灰色,除白斑外各翅室有黑色斑或点,外缘线及亚缘线清晰。

地理分布　产于黄桥。分布于浙江、黑龙江、河北、北京。

发生　1年1代,成虫多见于5—9月。

寄主　水马桑及忍冬属植物。

背面　　　　　　　　　　　　　腹面

116　拟戟眉线蛱蝶

Limenitis misuji Sugiyama, 1994

科　蛱蝶科 Hymphalidae

属　线蛱蝶属 *Limenitis* Fabricius, 1807

形态特征　中型蛱蝶。与扬眉线蛱蝶非常近似,前翅中室内眉状斑中断,亚外缘2个白点中,上白斑很小,下白斑较大,后翅中横带较扬眉线蛱蝶狭窄且直,由6块白斑组成。

地理分布　产于双坑口、黄桥。分布于浙江、江西、福建、甘肃、湖北、湖南、四川等。

发生　1年1代,成虫多见于6—8月。

寄主　水马桑。

117 残锷线蛱蝶

Limenitis sulpitia (Cramer, 1779)

科 蛱蝶科 Hymphalidae
属 线蛱蝶属 *Limenitis* Fabricius, 1807

形态特征 中型蛱蝶。翅背面黑褐色,斑纹白色。前翅中室内眉纹在2/3处残缺,前翅中横斑列弧形排列。后翅中横带极倾斜,到达翅后缘的1/3处;亚缘带的大部分与中横带平行,不与翅的外缘平行。翅腹面红褐色,除白色斑纹外有黑色斑点,以及白色的外缘线。

地理分布 产于保护区各地。分布于江西、浙江、福建、海南、广东、广西、湖北、台湾、河南、四川、香港。

发生 1年1代,成虫多见于5—9月。

寄主 水马桑及忍冬属植物。

背面　　　　　　　　　腹面

118　珠履带蛱蝶

Athyma asura Moore, [1858]

科　蛱蝶科 Hymphalidae
属　带蛱蝶属 *Athyma* Westwood, 1850

形态特征　中型蛱蝶。雌、雄同型。翅背面黑色,有多数白斑。前翅中室内白斑分离成 2 段,中域有白斑连接到后翅,翅面花纹呈 V 形,亚外缘有 1 列小白斑。后翅亚外缘白斑圆形,大小均匀,除靠近臀角白斑外,其他白斑内有 1 个黑点。雌蝶翅面颜色较淡,体形较大。

地理分布　产于双坑口、黄桥。分布于浙江、江西、福建、广东、广西、湖南、四川、海南、台湾、西藏。

发生　1 年 2~3 代,成虫多见于 5—9 月。

寄主　冬青科植物。

背面

腹面

背面

腹面

119　双色带蛱蝶

Athyma cama Moore, [1858]

科　蛱蝶科 Hymphalidae
属　带蛱蝶属 *Athyma* Westwood, 1850

形态特征　中型蛱蝶。雌、雄异型。与新月带蛱蝶较为接近,区别在于:本种前翅顶角有
1个橙色斑,基部到中室没有红色纹,中域白斑圆润,呈U形,亚外缘有褐色暗斑。雌蝶翅背
面褐色,斑纹为橙黄色。

地理分布　产于双坑口、洋溪。分布于浙江、江西、福建、广东、广西、湖南、云南、四川、海
南、台湾、香港。

发生　1年多代,成虫多见于5—11月。

寄主　大戟科算盘子属植物。

120 幸福带蛱蝶
Athyma fortuna Leech, 1889

科 蛱蝶科 Hymphalidae
属 带蛱蝶属 *Athyma* Westwood, 1850

形态特征 中型蛱蝶。雌、雄同型。与玉杵带蛱蝶非常接近，主要区别在于：本种前翅顶角区仅有2个白斑，中室白条斑更窄细，腹面中域到后缘有黑色斑纹，后翅中域白带与亚外缘第1个斑相连，基部的弧形白斑与前缘分离。雌蝶颜色较浅，体形较大。

地理分布 产于双坑口、黄桥。分布于浙江、江西、福建、广东、河南、陕西、台湾。

发生 1年2~3代，成虫多见于5—8月。

寄主 忍冬科荚蒾属植物。

背面　　　　　　　腹面

121　玉杵带蛱蝶

Athyma jina Moore, [1858]

科　蛱蝶科 Hymphalidae
属　带蛱蝶属 *Athyma* Westwood, 1850

形态特征　中型蛱蝶。雌、雄同型。雄蝶翅背面黑色,前翅顶角区有3个白斑,中室白条斑不分离,白色环形带中部白斑小,分离较大,基部白色弧形斑贴近前缘。雌蝶翅背面颜色较浅,体形大,腹部前段有白色纹。

地理分布　产于双坑口、黄桥、碑排。分布于浙江、江西、福建、广东、广西、湖南、台湾、云南。

发生　1年2~3代,成虫多见于4—9月。

寄主　忍冬科植物。

背面　　　　　　　　　　　　　腹面

122 虬眉带蛱蝶

Athyma opalina (Kollar, [1844])

科 蛱蝶科 Hymphalidae
属 带蛱蝶属 *Athyma* Westwood, 1850

形态特征 中型蛱蝶。雌、雄同型。与珠履带蛱蝶相似,主要区别为:本种前翅中室内白斑分成4段,后翅亚外缘白斑内没有黑点。雌蝶翅面颜色较浅,翅形较圆,体形较大。

地理分布 产于双坑口、黄桥。分布于浙江、福建、广东、云南、陕西、四川、台湾。

发生 1年2~3代,成虫多见于5—11月。

寄主 小檗科十大功劳属植物。

123 六点带蛱蝶

Athyma punctata Leech, 1890

科 蛱蝶科 Hymphalidae
属 带蛱蝶属 *Athyma* Westwood, 1850

形态特征 中大型蛱蝶。雌、雄异型。雄蝶翅背面黑色,有6个白色斑点,前翅2个斑,顶角斑最小,依次增大,后翅中域斑最大。雌蝶与新月带蛱蝶及双色带蛱蝶相似,但本种形较大,翅腹面褐黄色,后翅中室黄斑边缘直。

地理分布 产于黄桥、双坑口。分布于江西、浙江、福建、广东、广西、湖南。

发生 1年1代,成虫多见于5—8月。

寄主 不明。

背面　　　　　　　　　　腹面

124 离斑带蛱蝶

Athyma ranga Moore, [1858]

科　蛱蝶科 Hymphalidae
属　带蛱蝶属 *Athyma* Westwood, 1850

形态特征　中型蛱蝶。雌、雄同型。雄蝶翅背面蓝黑色,中室斑分离没规律,顶角有4个弧形斑,中域斑分离,不成带,亚外缘有2列白色斑点,整体斑纹分散。雌蝶斑纹较大,腹部有白色斑点。

地理分布　产于洋溪。分布于浙江、福建、江西、广东、广西、湖南、四川、香港。

发生　1年多代,成虫多见于5—10月。

寄主　木犀科木犀属植物。

背面

腹面

125 新月带蛱蝶

Athyma selenophora (Kollar, [1844])

科　蛱蝶科 Hymphalidae
属　带蛱蝶属 *Athyma* Westwood, 1850

形态特征 　中型蛱蝶。雌、雄异型。雄蝶前翅背面黑色,中室靠基部有暗红色斑,中域4个大小不一的白斑相连,亚顶区有3个白斑,亚外缘斑点不明显。后翅中域白斑倾斜,前窄后宽,与前翅白斑相连。雌蝶与虬眉带蛱蝶很相似,较难区分,区别在于本种翅形更圆润。

地理分布 　产于双坑口、黄桥、洋溪。分布于江西、浙江、福建、广东、广西、湖南、云南、四川、海南、台湾。

发生 　1年多代,成虫多见于5—11月。

寄主 　茜草科玉叶金花、水团花等植物。

背面　　　　　　　　　　　　　腹面

126 孤斑带蛱蝶

Athyma zeroca Moore, 1872

科　蛱蝶科 Hymphalidae
属　带蛱蝶属 *Athyma* Westwood, 1850

形态特征　中型蛱蝶。雌、雄异型。本种与新月带蛱蝶较为接近,区别在于:本种前翅亚顶区没有白斑,亚外缘没有斑纹,前翅腹面中室有断裂白斑。雌蝶与双色带蛱蝶相似,区别在于:本种中室斑纹断裂成2段。

地理分布　产于双坑口、黄桥、洋溪。分布于江西、浙江、福建、广东、广西、湖南、海南。

发生　1年多代,成虫多见于5—11月。

寄主　茜草科钩藤等植物。

背面　　　　　　　　　　　　　　腹面

127 婀蛱蝶

Abrota ganga Moore, 1857

科　蛱蝶科 Hymphalidae
属　婀蛱蝶属 *Abrota* Moore, 1857

形态特征　中型蛱蝶。雌、雄异型。雄蝶翅背面橙黄色,前翅中室有2个黑色斑点,顶角黑色,外缘黑色,亚外缘有1列模糊黑斑,后翅有3列平行黑色线纹;后翅腹面淡黄色,花纹不明显。台湾亚种前翅中域多出1列波纹状黑花纹,整体翅面花纹较粗较深。雌蝶体形较大;翅背面黑色,黄色条纹,近似菲蛱蝶属种类,但翅腹面花纹区别较大。

地理分布　产于保护区各地。分布于浙江、江西、福建、广东、广西、湖南、四川、陕西、云南、台湾。

发生　1年1代,成虫多见于7—9月。

寄主　壳斗科植物。

128 重环蛱蝶

Neptis alwina (Bremer & Grey, 1852)

| 科 蛱蝶科 Hymphalidae
| 属 环蛱蝶属 *Neptis* Fabricius, 1807

形态特征 中大型蛱蝶。雄蝶前翅顶角凸出,翅背面黑褐色,顶角处有1个白斑,亚顶角有数个白斑形成V形,中室内有白色条斑,有较宽的缺刻,外侧白斑接近中室条斑,呈弧形排列;后翅有2条白色横带,翅腹面棕褐色,斑纹与背面相似,后翅基部有1条白色基条。雌蝶斑纹类似雄蝶,但翅形更圆阔,前翅顶角没有明显的白斑。

地理分布 产于双坑口。分布于浙江、黑龙江、吉林、辽宁、内蒙古、北京、河北、河南、陕西、山西、甘肃、青海、四川、湖南、湖北、云南、西藏。

发生 1年1代,成虫多见于5—8月。

寄主 蔷薇科桃、杏、梅、李等植物。

背面 　　　　　　　　　　　　　　腹面

129 阿环蛱蝶

Neptis ananta Moore, 1857

科 蛱蝶科 Hymphalidae
属 环蛱蝶属 *Neptis* Fabricius, 1807

形态特征 中型蛱蝶。前、后翅有微弱缘毛,黑白相间但非常不明显。翅背面黑褐色,斑纹黄色;前翅中室内黄色中室条有缺刻,亚顶角有2个黄斑,靠上方黄斑外角尖突;后翅有2条黄色横带。翅腹面红棕褐色,斑纹与翅背面相似;雄蝶前翅中室条斑下部外方有黄棕色鳞区,后翅基部有紫白色条斑,2条横带外侧各有1条紫白色横线。

地理分布 产于黄桥、洋溪。分布于浙江、安徽、江西、福建、广东、海南、广西、西藏。

发生 1年1代,成虫多见于5—8月。

寄主 乌药。

背面　　　　　　　　　　腹面

130 羚环蛱蝶

Neptis antilope Leech, 1890

科　蛱蝶科 Hymphalidae
属　环蛱蝶属 *Neptis* Fabricius, 1807

形态特征　小型蛱蝶。雌、雄斑纹相似。翅背面黑褐色,斑纹黄色,前翅中室内条斑与外侧眉形纹相连,中室条斑外侧黄斑中,靠上方的黄斑大,且距离较近,后翅有2条黄色横带;翅腹面为棕黄色,后翅基部无基条,内侧横带白色,下方伴有1条不规则波状的红棕色横线,外侧的横带非常不明显。

地理分布　产于双坑口。
分布于浙江、福建、河北、
河南、陕西、山西、四川、
重庆、广东、湖北、湖南、
云南。

发生　1年1代,成虫多
见于5—7月。

寄主　不明。

131　珂环蛱蝶

Neptis clinia Moore, 1872

科　蛱蝶科 Hymphalidae
属　环蛱蝶属 *Neptis* Fabricius, 1807

形态特征　小型蛱蝶。与小环蛱蝶及耶环蛱蝶都较相似,区别在于:本种前翅背面中室条内无深色横线,与耶环蛱蝶相似而不同于小环蛱蝶;后翅黑白相间的缘毛中,白色部分与黑色部分近等宽,与小环蛱蝶相似而不同于耶环蛱蝶;前翅腹面中室内白条与中室外的眉纹相连,可与小环蛱蝶及耶环蛱蝶区分,且眉纹较细长,不似小环蛱蝶粗短。

地理分布　产于保护区各地。分布于浙江、福建、四川、西藏、云南、海南、广东、广西、重庆、贵州、香港。

发生　1年多代,成虫多见于4—10月。

寄主　梧桐科植物。

背面

腹面

132　中环蛱蝶
Neptis hylas (Linnaeus, 1758)

科　蛱蝶科 Hymphalidae
属　环蛱蝶属 *Neptis* Fabricius, 1807

形态特征　中型蛱蝶。与小环蛱蝶较相似,区别在于:本种体形明显更大;后翅外中区的白色横带明显比小环蛱蝶宽,在翅腹面更加明显;翅腹面的颜色为鲜明的橙黄色,极易与其他环蛱蝶区分。

地理分布　产于保护区各地。分布于浙江、江西、福建、河南、陕西、湖北、台湾、广东、海南、广西、四川、重庆、云南、西藏、香港。

发生　1年多代,成虫多见于4—9月。

寄主　胡枝子、假地豆、小槐花等。

背面

腹面

133　玛环蛱蝶

Neptis manasa Moore, 1857

科　蛱蝶科 Hymphalidae
属　环蛱蝶属 *Neptis* Fabricius, 1807

形态特征　中大型蛱蝶。翅背面斑纹与蛛环蛱蝶相似,区别在于:本种前翅亚顶角2个黄斑非常发达,呈粘连状弯曲;翅腹面为土黄色,较纯净,不似蛛环蛱蝶有复杂线纹;后翅2条横带为黄白色,区间有1条银灰色横线。

地理分布　产于双坑口。分布于安徽、浙江、福建、湖北、湖南、广西、海南、四川、重庆、云南、西藏。

发生　1年1代,成虫多见于5—6月。

寄主　华千金榆。

134 弥环蛱蝶

Neptis miah Moore, 1857

科　蛱蝶科 Hymphalidae
属　环蛱蝶属 *Neptis* Fabricius, 1807

形态特征　小型蛱蝶。体形较小。翅背面黑褐色,斑纹为鲜亮的橙黄色;前翅中室内有长条形斑,条斑与外侧的眉形纹连接,亚顶角斑纹粗壮,中室条斑外侧的斑明显粗大,最上方的斑块接近方形,与下方的斑纹几乎相连。翅腹面为深棕褐色,后翅内侧横带外伴有1条紫白色细带。

地理分布　产于双坑口、洋溪。分布于浙江、福建、甘肃、湖北、湖南、四川、重庆、云南、广西、海南、广东、香港。

发生　1年2代,成虫多见于4—8月。

寄主　龙须藤。

背面

腹面

135　啡环蛱蝶

Neptis philyra Ménétriès, 1859

科　蛱蝶科 Hymphalidae
属　环蛱蝶属 *Neptis* Fabricius, 1807

形态特征　中型蛱蝶。与断环蛱蝶较相似,区别在于:本种前翅中室条斑没有缺刻,中室外下侧的斑纹中,最上方的斑块非常发达,向内凸并几乎抵触到中室条,仅隔着1条微弱的脉纹线,中室条与外侧斑纹形成勺状;翅腹面偏棕褐色;后翅基部具1条白条,较为微弱,且不靠近后翅前缘。

地理分布　产于双坑口。分布于安徽、浙江、黑龙江、吉林、辽宁、河南、陕西、湖北、重庆、台湾、西藏、云南。

发生　1年1代,成虫多见于5—7月。

寄主　械树科植物。

136　链环蛱蝶

Neptis pryeri Butler, 1871

科　蛱蝶科 Hymphalidae
属　环蛱蝶属 *Neptis* Fabricius, 1807

形态特征　中小型蛱蝶。翅背面黑褐色；前翅中室内条斑断裂成4段，外侧斑块靠近，与中室条斑形成弧形；后翅中部有宽阔的2条白色横带，横带内斑块呈长方形，排列整齐紧密。翅腹面棕褐色，斑纹与背面相似；后翅基部有许多黑点；前、后翅外缘及亚外缘有灰白色纹。

地理分布　产于双坑口。分布于浙江、上海、安徽、江西、福建、吉林、河南、山西、湖北、台湾、重庆、贵州。

发生　1年多代，成虫多见于4—9月。

寄主　蔷薇科绣线菊属植物。

背面

腹面

137　断环蛱蝶

Neptis sankara Kollar, 1844

科　蛱蝶科 Hymphalidae
属　环蛱蝶属 *Neptis* Fabricius, 1807

形态特征　中型蛱蝶。雌、雄斑纹相似。有黄、白两种色型,两者斑纹相同。翅背面黑褐色;前翅中室内条斑和外侧眉形纹相连,但有1个明显的缺刻,亚顶角处有3个斑块,与中室外下方的斑块呈弧形排列,斑块外侧有1列与外缘平行的线纹;后翅有2条横带,内侧横带宽于外侧,外侧横带外有不明显的淡色细带。翅腹面深褐色,斑纹与背面相似;前翅中室条斑内的缺刻较背面浅;后翅翅基处有2条细条纹,其中上方的条纹极细,并抵达后翅前缘。

地理分布　产于双坑口。分布于浙江、江西、福建、台湾、广东、广西、湖北、湖南、云南、四川、甘肃、西藏。

发生　1年1代,成虫多见于5—8月。

寄主　蔷薇科植物。

背面　　　　　　　　　　　　腹面

138　小环蛱蝶

Neptis sappho (Pallas,1771)

科　蛱蝶科 Hymphalidae
属　环蛱蝶属 *Neptis* Fabricius, 1807

形态特征　小型蛱蝶。触角末端为明显的黄色。雌、雄斑纹相似。翅背面黑褐色,斑纹白色;前翅中室内有1条斑纹,条纹内有1个深色断痕,中室端外有1条眉纹,眉纹呈短三角形,长条形纹和眉纹间有1条黑色纹将它们分隔,中室外围排列数个呈弧状的白斑,亚外缘还有1列微弱的白斑;后翅有黑白相间的缘毛,白色缘毛至少与黑色缘毛等宽,内中区有1条白色横带,横带近等宽,亚外缘有1列更细的横带,并被深色翅脉分隔。翅腹面深棕褐色,斑纹与背面相似;后翅除2条较宽的横带外,外缘还有2条白色细纹。

地理分布　产于保护区各地。分布于浙江、福建、黑龙江、辽宁、北京、山东、河南、四川、台湾、广东、广西、云南。

发生　1年多代,成虫多见于4—9月。

寄主　豆科胡枝子属、野豌豆属植物。

背面　　　　　　　　腹面

139 娑环蛱蝶

Neptis soma Moore, 1857

科　蛱蝶科 Hymphalidae
属　环蛱蝶属 *Neptis* Fabricius, 1807

形态特征　中型蛱蝶。与小环蛱蝶较相似,区别在于:本种体形明显更大;触角末端黄色不明显;后翅内中区的白色横带明显不等宽,由内缘向外逐渐变宽,该特征可与其他所有近似种区别;翅腹面暗红褐色,白斑明显更加发达。

地理分布　产于黄桥。分布于浙江、福建、四川、海南、云南、西藏、广东、广西、重庆、贵州、香港。

发生　1年多代,成虫多见于4—10月。

寄主　豆科鸡血藤属植物。

背面　　　　　　　　腹面

140 耶环蛱蝶

Neptis yerburii Butler, 1886

科　蛱蝶科 Hymphalidae
属　环蛱蝶属 *Neptis* Fabricius, 1807

形态特征　小型蛱蝶。与小环蛱蝶较相似,区别在于:本种体形稍大;前翅背面中室条内无深色断痕;后翅黑白相间的缘毛中,白色的缘毛更窄更弱,较不明显;翅腹面为巧克力色,色泽较小环蛱蝶更暗淡。

地理分布　产于双坑口、黄桥。分布于浙江、江西、安徽、福建、陕西、重庆、西藏、四川、湖北。

发生　1年多代,成虫多见于4—10月。

寄主　不明。

背面　　　　　　　　　　　腹面

141 霭菲蛱蝶

Phaedyma aspasia (Leech, 1890)

科 蛱蝶科 Hymphalidae
属 菲蛱蝶属 *Phaedyma* Felder, 1861

形态特征 中型蛱蝶。翅背面褐色具较连贯的橙黄色条纹；前翅中室斑与中室端外下侧斑相连成球杆状，其与亚顶区斑之间前缘处有小白斑；后翅中带宽，与亚前缘带联合成眼镜状，亚外缘具模糊的淡棕色带。翅腹面大体与翅背面相似，底色棕黄，带纹色淡，且之间夹有紫白色细带。

地理分布 产于保护区各地。分布于华东、华中和西南各省份。

发生 1年2代，成虫多见于6—8月。

寄主 豆科植物。

背面   腹面

142 网丝蛱蝶

Cyrestis thyodamas Boisduval, 1846

科　蛱蝶科 Hymphalidae
属　丝蛱蝶属 *Cyrestis* Boisduval, 1832

形态特征　中型蛱蝶。雄蝶翅背面白色,前缘基部、顶区及臀角局部赭黄色,翅面布多条黑色细横线,与黑色翅脉交织成网,外中区黑线后端墨蓝色,臀角具红黄二色斑;后翅网纹如前翅,外中区贯穿墨蓝色横线,其外侧为赭黄色、红色和黑色构成的复杂线纹,臀叶黄色,尾突黑色。腹面大体如背面,颜色较淡。雌蝶与雄蝶相似,但翅形较阔,突起部分圆润。

地理分布　产于双坑口、黄桥、洋溪。分布于西南、华南、华东。

发生　1年多代,成虫多见于6—9月。

寄主　桑科榕属植物。

143　大红蛱蝶

Vanessa indica (Herbst, 1794)

科　蛱蝶科 Hymphalidae
属　红蛱蝶属 *Vanessa* Fabricius, 1807

形态特征　中型蛱蝶。翅背面大部黑褐色,外缘波状;前翅顶角突出,饰有白色斑,下方斜列4个白斑,中部有不规则红色宽横带,内有3个黑斑;后翅大部暗褐色,外缘红色,亚外缘有1列黑色斑。翅腹面和背面的斑纹有区别:前翅顶角茶褐色,中室端具显蓝色斑纹,其余与翅背面相似;后翅有茶褐色的复杂云状斑纹,外缘有4枚模糊的眼斑。

地理分布　产于黄桥、碑排、洋溪。广布于全国各地。

发生　1年多代,成虫多见于5—10月。

寄主　荨麻科、榆科植物。

背面　　　　　　　　　　　腹面

144　小红蛱蝶

Vanessa cardui (Linnaeus, 1758)

科　蛱蝶科 Hymphalidae
属　红蛱蝶属 *Vanessa* Fabricius, 1807

形态特征　中型蛱蝶。本种与大红蛱蝶近似,主要区别在于:本种后翅背面大部橘红色,体形稍小。前、后翅背面以橘红色为主,前翅顶角饰有白斑,中部有不规则红色横带,内有3个黑斑相连,后翅外缘及亚外缘有黑色斑列。翅腹面和背面的斑纹有区别:前翅除顶角黄褐色外,其余斑纹与背面相似;后翅有黄褐色的复杂云状斑纹。

地理分布　产于黄桥、碑排、洋溪。广布于全国各地。

发生　1年多代,成虫多见于5—10月。

寄主　荨麻科、锦葵科、菊科植物。

145 琉璃蛱蝶

Kaniska canace (Linnaeus, 1763)

科　蛱蝶科 Hymphalidae
属　琉璃蛱蝶属 *Kaniska* Kluk, 1780

形态特征　中型蛱蝶。前翅顶角突出并饰有小白斑。前、后翅背面深蓝黑色,亚外缘有 1 条蓝色宽带,在前翅呈 Y 形,宽带内饰有黑色点列。后翅外缘中部突出,呈齿状。翅腹面与背面的斑纹不同,前、后翅斑纹繁杂,以黑褐色为主,密布黑色波状细纹。

地理分布　产于保护区各地。分布于浙江、江苏、福建、广东、广西、甘肃、香港。

发生　1 年 3~4 代,成虫多见于 4—9 月。

寄主　菝葜、小果菝葜、牛尾菜。

背面

腹面

背面

腹面

146　白钩蛱蝶

Polygonia c-album (Linnaeus, 1758)

科　蛱蝶科 Hymphalidae
属　钩蛱蝶属 *Polygonia* Hübner, [1819]

形态特征　中型蛱蝶。翅背面橙褐色；前翅中室中部有2个黑斑，中室端有1个长方形黑斑，中室外侧有数个黑斑；后翅基半部、亚外缘有黑斑和斑带。前、后翅外缘有齿状突。翅腹面模拟枯叶颜色，随季节而变化；后翅中室端有白色钩状斑。

地理分布　产于双坑口。分布于北方广大地区及浙江、台湾、江苏。

发生　全省各地，成虫多见于5—8月。

寄主　葎草及榆属、荨麻属植物。

147 黄钩蛱蝶

Polygonia c-aureum (Linnaeus, 1758)

科 蛱蝶科 Hymphalidae
属 钩蛱蝶属 *Polygonia* Hübner, [1819]

形态特征 中型蛱蝶。形态与白钩蛱蝶相近,区别在于:本种翅背面中室基部有1个黑斑,前、后翅外缘比白钩蛱蝶平滑。

地理分布 产于保护区各地。分布于东北、华北、华东、华南、西南。

发生 1年多代,成虫常年可见。

寄主 葎草及榆属、柑橘属、梨属植物。

背面

腹面

背面

腹面

148 美眼蛱蝶
Junonia almana (Linnaeus, 1758)

科　蛱蝶科 Hymphalidae
属　眼蛱蝶属 *Junonia* Hübner, [1819]

形态特征　中型蛱蝶。雌、雄同型。分为湿季型和旱季型。翅背面橙色；前翅分布3个眼斑，顶角区有2个相连且较小的眼斑，中域有1个较大的眼斑；后翅有2个眼斑，靠前缘有1个最大的眼斑；往下有1个小眼斑；前、后翅亚外缘有波浪黑线。旱季型前翅角起勾、凸出，后翅臀角凸出，腹面如同枯叶颜色。

地理分布　产于保护区各地。分布于长江以南各省份。

发生　1年多代，成虫几乎全年可见。

寄主　玄参科、苋科、车前科等多种植物。

背面

腹面

背面

腹面

149 翠蓝眼蛱蝶

Junonia orithya (Linnaeus, 1758)

科　蛱蝶科 Hymphalidae
属　眼蛱蝶属 *Junonia* Hübner, [1819]

形态特征　中型蛱蝶。雌、雄异型。分为湿季型和旱季型。雄蝶前翅背面黑色,靠亚外缘分布2枚眼斑,亚顶区有2条平行的斜白带,亚外缘有白色;后翅背面为暗蓝色,具2枚眼斑。雌蝶各眼斑较大,翅面颜色较浅,后翅蓝色区域小。旱季型前翅角起勾、凸出,后翅腹面如枯叶颜色。

地理分布　产于黄桥。分布于长江以南、秦岭以南各省份。

发生　1年多代,成虫多见于7—10月。

寄主　爵床科、马鞭草科、玄参科等科植物。

150 黄豹盛蛱蝶

Symbrenthia brabira Moore, 1872

科 蛱蝶科 Hymphalidae
属 盛蛱蝶属 *Symbrenthia* Hübner, [1819]

形态特征 小型蛱蝶。本种与散纹盛蛱蝶翅背面斑纹相似,但尾突更短小。翅腹面底色为黄褐色,密布不规则的黑色碎斑,类似豹纹,外围常带有橙红色块,后翅中部有1条橙色带,亚外缘处有1列5个黑褐色圈斑,后缘有1道连续或断裂的蓝灰色纹。

地理分布 产于黄桥。分布于浙江、福建、江西、台湾、云南、四川、重庆、湖北、贵州。

发生 1年多代,成虫多见于5—8月。

寄主 荨麻科冷水花属、楼梯草属、赤车属植物。

背面　　　　　　　　　　　腹面

151 散纹盛蛱蝶

Symbrenthia lilaea Hewitson, 1864

科　蛱蝶科 Hymphalidae
属　盛蛱蝶属 *Symbrenthia* Hübner, [1819]

形态特征　小型蛱蝶。尾突较明显。翅背面底色黑褐色;前、后翅有3道横向的橙黄色条纹呈带状排列,最前方的1道带为前翅中室及外侧相连的橙纹,其中部分个体会在中室近端部断裂,第2道带由前翅外侧斑纹及后翅基部条纹构成,最后1道则为后翅亚外缘的条带;前翅顶角附近还有数个大小不等的橙斑。翅腹面底色黄色,布满由红褐色斑纹及线条组成的复杂花纹。

地理分布　产于保护区各地。分布于浙江、福建、江西、广东、广西、台湾、海南、云南、四川、重庆、湖北、西藏、贵州、香港。

发生　1年多代,成虫多见于5—8月。

寄主　荨麻科苎麻属植物。

背面

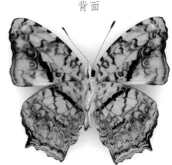

腹面

背面

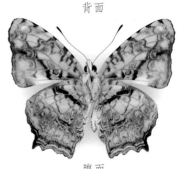

腹面

152　曲纹蜘蛱蝶

Araschnia doris Leech, [1892]

科　蛱蝶科 Hymphalidae
属　蜘蛱蝶属 *Araschnia* Hübner, [1819]

形态特征　小型蛱蝶。翅背面黑褐色;中横带黄白色,不连成1条直线;亚外缘3条橙红色细线互相交接,划出大小不同的2列黑斑。翅腹面黄褐色或红褐色,脉纹与不规则的横线黄色,组成蜘蛛网状纹。

地理分布　产于双坑口、黄桥。分布于江苏、安徽、浙江、福建、江西、河南、陕西、湖北、湖南、四川、重庆、云南。

发生　1年1代,成虫多见于5—8月。

寄主　荨麻科植物。

背面

腹面

◆ 第七章　珍蝶科

　　中型偏小的种类。翅多数红色或褐色,有的有金属光泽,少数种类透明。能从胸部分泌出有臭味的黄色汁液,以逃避雀鸟的啄食,因此常被其他蝶类所模拟。飞翔缓慢,有迁徙习性,有时大群密集傍在小树上,把全树遮盖住。

　　寄主主要为荨麻科植物,如水麻。非洲种类多取食西番莲科植物,南美种类取食各种植物。

　　主要分布于南美洲和非洲,只有少数种类分布到亚洲东部及大洋洲。全世界已知200余种。中国记载2种。保护区记载1属1种。

153 苎麻珍蝶

Acraea violae (Fabricius, 1793)

科 珍蝶科 Acraeidae
属 珍蝶属 *Acraea* Fabricius, 1807

形态特征 中型珍蝶。雌、雄同型。雄蝶翅背面黄色,前、后翅外缘黑带较宽,黑带内各室有斑点;翅腹面颜色较淡。雌蝶翅背面较暗较淡,通常前翅中室及中域附近有黑斑,黑色外带较宽,翅脉为黑色。

地理分布 产于保护区各地。分布于长江以南各省份。

发生 1年多代,成虫多见于4—11月。

寄主 醉鱼草科和荨麻科等多种植物。

背面

腹面

背面

腹面

第八章　喙蝶科

　　中型蝴蝶。翅色暗,灰褐色或黑褐色,有白色或红褐色斑。与蛱蝶科关系密切,为其最原始的分支之一。寿命很长,终年可见,常以成虫越冬。飞翔迅速,但不高,雄蝶常在森林的岩石地带及潮湿地带飞翔。

　　寄主为榆科朴属植物。

　　主要分布在东洋区。全世界已知10种。中国记载3种。保护区记载1属1种。

154　朴喙蝶

Libythea lepita Moore, [1858]

科　喙蝶科 Libytheidae
属　喙蝶属 *Libythea* Fabricius, 1807

形态特征　中型喙蝶。雌、雄同型。翅背面黑色;前翅顶角突出成钩状,中室是橙色条斑,中域有1个较大圆形橙斑,顶角有3个白点;后翅外缘锯齿状,中部有橙色横条斑。翅腹面为枯叶拟态颜色。

地理分布　产于保护区各地。分布于全国各地。

发生　1年约2代,成虫多见于4—9月。

寄主　朴树、紫弹朴。

背面　　　　　　　　　　腹面

第九章 蚬蝶科

　　小型、美丽、脆弱的蝴蝶。与灰蝶科、喙蝶科特征相似。喜在阳光下活动,飞翔迅速,但飞翔距离不远。在叶面上休息,休息时四翅半展开状,中名"蚬"由此而来。多在原始森林旁边发现。

　　寄主为紫金牛科植物。

　　多数种类分布在新大陆,其次为印澳区,古北区、东洋区及非洲区种类都不多。全世界已知1300余种。中国记载40种。保护区记载4属8种。

155 白点褐蚬蝶

Abisara burnii (de Nicéville, 1895)

科 蚬蝶科 Riodinidae
属 褐蚬蝶属 *Abisara* C. & R. Felder, 1860

形态特征 中型蚬蝶。翅背面红褐色,前翅外侧有模糊的淡色斑列,后翅亚外缘前侧有2个黑色眼斑,其外侧缀有白线纹。翅腹面底色呈橙褐色,两翅中央和外侧各有1列白色斑,亚外缘则有断裂的线纹,后翅亚外缘前侧有2个黑色眼斑。

地理分布 产于双坑口。分布于江西、浙江、福建、四川、广东、海南、台湾。

发生 1年多代,成虫多见于4—5月,在南方全年可见。

寄主 紫金牛科酸藤子属植物。

156 蛇目褐蚬蝶

Abisara echerius (Stoll, [1790])

科　蚬蝶科 Riodinidae
属　褐蚬蝶属 *Abisara* C. & R. Felder, 1860

形态特征　中型蚬蝶。后翅外缘有1个阶梯状突出。湿季型雄蝶翅背面红褐色,有模糊的淡色纵纹,后翅亚外缘有不明显黑斑,外侧镶白色线纹;翅腹面底色略淡,前翅中央和外侧各有1道淡色纵纹,中央纵纹内侧镶棕红色线,亚外缘有2道与外缘平行的灰色纹,后翅中央有1道内侧镶棕红色线弧形淡色纹,亚外缘黑斑和白色线纹较背面明显。湿季型雌蝶翅底色较淡,斑纹较明显,前翅外侧常呈黄褐色;腹面底色较淡,斑纹与雄蝶相似。旱季型整体斑纹退减,仅中央棕红色线纹较突出,其外侧底色较淡,后翅亚外缘黑斑常变得不明显。

地理分布　产于黄桥、洋溪。分布于浙江、福建、云南、广东、广西、海南、香港。

发生　1年多代,成虫全年可见。

寄主　紫金牛科酸藤子属植物。

背面　　　　　　　　　　　　腹面

157 黄带褐蚬蝶

Abisara fylla (Westwood, [1851])

科	蚬蝶科 Riodinidae
属	褐蚬蝶属 *Abisara* C. & R. Felder, 1860

形态特征 中型蚬蝶。翅背面深褐色,前翅端部常带2个白点,中央有黄色斜带,后翅中央有1个淡色纵斑,亚外缘有黑色眼斑列,部分外侧镶有1个白点。

地理分布 产于保护区各地。分布于浙江、福建、云南、四川、广西、广东、西藏、海南。

发生 1年多代,成虫多见于4—11月。

寄主 杜茎山。

背面　　　　　　　　　　　腹面

158 白带褐蚬蝶

Abisara fylloides (Westwood,1851)

科 蚬蝶科 Riodinidae
属 褐蚬蝶属 *Abisara* C. & R. Felder, 1860

形态特征 中型蚬蝶。本种与黄带褐蚬蝶十分相似,主要区别为:本种前翅端部常不带白点,体形较小。以往常把本种与黄带褐蚬蝶混淆。

地理分布 产于洋溪。分布于江西、浙江、福建、云南、四川、贵州、广东、广西。

发生 1年多代,成虫多见于4—11月。

寄主 紫金牛科植物。

159　白蚬蝶

Stiboges nymphidia Butler, 1876

科　蚬蝶科 Riodinidae
属　白蚬蝶属 *Stiboges* Butler, 1876

形态特征　中小型蚬蝶。翅底色为白色，前翅前缘及两翅外侧区域呈黑褐色，两翅外侧黑色区域内具1列模糊的白色小斑及1条淡褐色的细带。

地理分布　产于黄桥。分布于浙江、福建、江西、广东、广西、四川、重庆、云南。

发生　1年多代，成虫多见于4—12月。

寄主　紫金牛科紫金牛属植物。

 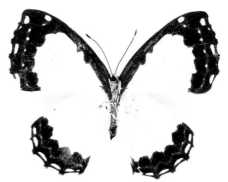

背面　　　　　　　　　　　　　　腹面

160 黑燕尾蚬蝶

Dodona deodata Hewitson, 1876

科 蚬蝶科 Riodinidae
属 尾蚬蝶属 *Dodona* Hewitson, [1861]

形态特征 中型蚬蝶。躯体背侧暗褐色，腹侧白色。后翅有细长匕形尾状突。翅背面底色暗褐色，有1条白色宽带纹，其外侧有数个白色小斑点，后翅有1条白色宽带纹。翅腹面底色暗褐色，除白色宽带纹外，缀有白色斑点及条纹，臀角叶状突及尾状突褐色，其前方有1条橙色带纹，其内有黑褐色斑点。

地理分布 产于黄桥。分布于浙江、福建、云南、广东。浙江新记录。

发生 1年多代，成虫多见于6—8月。

寄主 不明。

161 银纹尾蚬蝶

Dodona eugenes Bates, [1868]

科 蚬蝶科 Riodinidae
属 尾蚬蝶属 *Dodona* Hewitson, [1861]

形态特征 中型蚬蝶。躯体背侧暗褐色,腹侧白色。后翅有楔形尾状突。翅背面底色暗褐色,缀橙黄色斑点及条纹,前翅端部附近有数个小白点。翅腹面底色暗褐色,缀银白色斑点及条纹。后翅外缘前端有2个黑斑点。臀角叶状突及尾状突黑褐色,其前方有一小片灰色纹。

地理分布 产于双坑口、黄桥。分布于华南、华西、华东及西藏。

发生 1年多代,成虫多见于6—8月。

寄主 密花树。

162 波蚬蝶

Zemeros flegyas (Cramer, [1780])

科 蚬蝶科 Riodinidae
属 波蚬蝶属 *Zemeros* Boisduval, [1836]

形态特征 中小型蚬蝶。翅底色为白色,前翅前缘及两翅外侧区域呈黑褐色,翅外侧黑色区域内具1列模糊的白色小斑,并具1条淡褐色的细带。

地理分布 产于保护区各地。分布于浙江、福建、江西、湖南、广东、广西、海南、四川、重庆、贵州、云南、西藏、香港。

发生 1年多代,成虫多见于3—12月。

寄主 杜茎山。

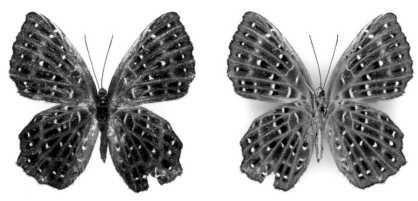

背面   腹面

第十章　灰蝶科

　　小型美丽的蝴蝶，极少为中型。翅背面常呈红、橙、蓝、绿、紫、翠、古铜等颜色；翅腹面的图案、颜色与背面不同，多为灰、白、赭、褐等色。雌、雄异型，翅背面的色斑不同，但腹面基本相同。生活在森林中，喜在日光下飞翔；少数种生活在农田附近，为害农作物。

　　寄主主要为豆科、壳斗科、桑寄生科、蔷薇科、茜草科、景天科、杜鹃花科、鼠李科等植物，少数种类捕食蚜虫和介壳虫。

　　世界广布。全世界已知6700余种。中国记载600余种。保护区记载30属36种。

163 蚜灰蝶

Taraka hamada Druce, 1875

科　灰蝶科 Lycaenidae
属　蚜灰蝶属 *Taraka* Druce, 1875

形态特征　小型灰蝶。雌、雄斑纹相似;前翅外缘雄蝶近直线状,雌蝶则略突出成圆弧形。躯体背面黑褐色,腹面白色。翅背面底色黑褐色,翅面中央常有程度不等之白纹,从完全无纹到翅面大部分呈白色的个体都有。翅腹面斑纹可由翅背面透视,翅腹面底色白色,上缀黑色斑点。缘毛黑褐色、白色相间。

地理分布　产于保护区各地。分布于除西北干燥地带、西藏高寒地带以外的大部分地区。

发生　1年多代,成虫全年可见。

寄主　禾本科植物为寄主的蚜虫。

背面　　　　　　　　　　　　腹面

164 尖翅银灰蝶

Curetis acuta Moore, 1877

科 灰蝶科 Lycaenidae
属 银灰蝶属 *Curetis* Hübner, [1819]

形态特征 中型灰蝶。雄蝶翅背面深褐色，前翅中央、后翅中室下侧和外侧均有橙红色斑，红斑面积变异幅度颇大；雌蝶在对应区则带灰蓝色或白色斑。翅腹面银白色，散布黑褐色鳞片，前、后翅分别有1列和2列淡灰色的直斑。旱季型翅形较尖，棱角较多，背面色斑较发达。

地理分布 产于保护区各地。分布于上海、浙江、江西、福建、河南、湖北、湖南、四川、广东、广西、海南、台湾、香港。

发生 1年多代，成虫在南方全年可见。

寄主 紫藤及崖豆藤属、云实属植物的花蕾、果实。

背面

腹面

165 **杉山癞灰蝶**

Araragi sugiyamai Matsui,1989

科 灰蝶科 Lycaenidae
属 癞灰蝶属 *Araragi* Sibatani & Itô, 1942

形态特征 中小型灰蝶。翅背面底色呈暗褐色,前翅背面常有数枚小白斑。翅腹面底色呈白色或灰白色,翅面斑点黑褐色。前、后翅沿外缘有1道暗色线纹。臀角附近有1片橙色纹,内有黑褐色小斑点。

地理分布 产于黄桥。分布于浙江、四川、甘肃。

发生 1年1代,成虫多见于6—8月。

寄主 枫杨及胡桃属植物。

166 天目山金灰蝶

Chrysozephyrus tienmushanus
Shirôzu & Yamamoto, 1956

科 灰蝶科 Lycaenidae
属 金灰蝶属 *Chrysozephyrus*
Shirôzu & Yamamoto, 1956

形态特征 中型灰蝶。雌、雄斑纹明显相异。翅背面底色黑褐色;雄蝶翅背面有金属光泽强烈的绿色纹或蓝绿色纹,在前、后翅外缘留有黑边,黑边幅度变化大。雌蝶斑纹为 A 型、B 型或 AB 型,A 型斑由 2 枚橙色小斑组成,B 型斑呈蓝色。翅腹面底色浅褐色或褐色;前、后翅白线内侧镶暗色细线纹,于前翅近直线状,于后翅后端反折成 W 形;后翅前缘内侧有 1 条小白纹,小白纹外侧镶暗色细线;前、后翅中室端有镶白色短线之暗色短条纹,后翅中室端短条纹常趋近白线纹;后翅亚外缘外侧白纹通常呈 1 条霜状带纹。

地理分布 产于双坑口。分布于浙江、福建、四川、贵州、湖北、广西。

发生 1年1代,成虫多见于6—7月。

寄主 杜鹃花科珍珠花属植物。

167 璐灰蝶

Leucantigius atayalicus
(Shirôzu & Murayama, 1943)

科　灰蝶科 Lycaenidae
属　璐灰蝶属 *Leucantigius*
Shirôzu & Murayama, 1951

形态特征　中型灰蝶。雄蝶翅顶较雌蝶尖。翅背面底色黑褐色,翅面常有灰白纹,通常雌蝶较明显。翅腹面底色呈白色或灰白色,前翅中央偏外侧与后翅中央有1对黑褐色线纹组成之纵带;翅腹面亚外缘有黑褐色波状线纹;尾突前方有橙色纹。

地理分布　产于黄桥。分布于浙江、福建、江西、广东、广西、海南、台湾。

发生　1年1代,成虫多见于4—7月。

寄主　壳斗科青冈属植物。

168 梅尔何华灰蝶

Howarthia melli (Forster, 1940)

科 灰蝶科 Lycaenidae
属 何华灰蝶属 *Howarthia*
Shirôzu & Yamamoto, 1956

形态特征 中型灰蝶。翅背面底色黑褐色;前翅背面基半部有紫色纹,其外侧中央有时具1个橙色小斑点;后翅背面一般无纹。翅腹面底色呈红褐色;前翅外侧有1条白色斜线;后翅中央有1条白色纵线,于后端反折延伸至内缘;亚外缘有白色线纹,于前翅呈1条虚线,于后翅则呈波状,后翅白线外侧时有橙红色斑;前翅中室端有时具模糊白色短线;尾突腹面前方有橙色纹及黑色斑点形成的眼纹。

地理分布 产于双坑口、黄桥。分布于浙江、福建、广西、广东。

发生 1年1代,成虫多见于6—9月。

寄主 杜鹃花科杜鹃花属植物。

背面　　　　　　　　　腹面

169 赭灰蝶

Ussuriana michaelis (Uberthür, 1880)

科　灰蝶科 Lycaenidae
属　赭灰蝶属 *Ussuriana* [Tutt, 1907]

形态特征 中大型灰蝶。具丝状尾突。翅背面底色暗褐色,有橙色或橙红色纹。雄蝶橙色纹较少,多于前翅形成斑块,有些个体甚至完全减退消失。雌蝶橙色纹较明显,最显著者大部分翅背面呈橙色,只在前翅前缘与翅顶留有黑纹。翅腹面底色呈黄色或黄白色;前、后翅外侧有橙红色弧形窄带,其内侧镶白色弦月形小纹列;后翅腹面尾突前方有黑色眼纹。

地理分布 产于双坑口。分布于除西藏、西北地区以外的大部分地区。

发生 1年1代,成虫多见于6—7月。

寄主 木犀科梣属植物。

170 冷灰蝶

Ravenna nivea (Nire, 1920)

科 灰蝶科 Lycaenidae

属 冷灰蝶属 *Ravenna* Shirôzu & Yamamoto, 1956

形态特征 中大型灰蝶。雄蝶翅背面底色紫色,翅面有白纹,多变异,范围大者在前翅有明显白色区块,在后翅则呈放射状,范围小者甚至白纹完全消失。雌蝶翅背面通常黑褐色,翅面白色斑亦多变异,范围大者除前翅翅顶及外缘有黑边、中室端有黑褐色短线外,翅面大部分呈白色,范围小者则沿翅脉有较多黑色部分。翅腹面底色白色,翅面上有黑褐色线纹,粗细多变异;尾突前方眼纹之橙色纹有时消失。

地理分布 产于洋溪。分布于浙江、江西、福建、广东、贵州、台湾。

发生 1年1代,成虫多见于5—7月。

寄主 壳斗科栎属常绿植物。

171 丫灰蝶

Amblopala avidiena (Hewitson, 1877)

科　灰蝶科 Lycaenidae
属　丫灰蝶属 *Amblopala* Leech, [1893]

形态特征　中型灰蝶。翅背面底色黑褐色;前、后翅背面有金属色明显的靛蓝色斑纹,于前翅约占翅面一半面积,于后翅则仅于翅基附近有;前翅靛蓝色纹前方有橙色小纹。翅腹面底色红褐色;前翅外侧有1条白色线纹,线纹内侧翅面呈浅黄褐色;后翅有灰白色带纹,形成Y形。

地理分布　产于黄桥。分布于安徽、江苏、浙江、福建、河南、陕西、台湾。

发生　1年1代,成虫多见于2—5月。

寄主　合欢、山合欢。

172　百娆灰蝶

Arhopala bazalus (Hewitson, 1862)

科　灰蝶科 Lycaenidae
属　娆灰蝶属 *Arhopala* Boisduval, 1832

形态特征　大型灰蝶。有细长尾突。翅背面雄蝶呈金属光泽的黑紫色,外缘有窄黑边;雌蝶的斑纹紫蓝色,仅局限于前翅中域和后翅基附近。翅腹面褐色,深褐色斑纹和斑带镶淡色线;后翅后半部发黑,臀角有1个圆形黑斑,附近散布金属蓝色鳞片。

地理分布　产于双坑口、黄桥、洋溪。分布于浙江、江西、福建、台湾、云南、广东、广西、海南、香港。

发生　1年多代,成虫多见于5—9月。

寄主　锥栗、青冈等壳斗科植物。

背面

腹面

173 **齿翅娆灰蝶**

Arhopala rama (Kollar, [1844])

科 灰蝶科 Lycaenidae
属 娆灰蝶属 *Arhopala* Boisduval, 1832

形态特征 中型灰蝶。有短尾突。雄蝶前翅外缘近顶角锯齿状。翅背面雄蝶呈金属光泽的暗紫色,外缘有黑边;雌蝶的斑纹偏蓝色,仅局限于翅中域,双翅前缘和外缘有粗黑边。翅腹面褐色,深褐色斑纹和斑带镶淡色线,前翅外侧的斑带平直。旱季型翅腹面斑纹减退,不突出。

地理分布 产于黄桥。分布于浙江、江西、福建、云南、四川、广东、广西、香港。

发生 1年多代,成虫多见于5—8月。

寄主 壳斗科植物。

174　玛灰蝶

Mahathala ameria Hewitson, 1862

科　灰蝶科 Lycaenidae
属　玛灰蝶属 *Mahathala* Moore, 1878

形态特征　中型灰蝶。雌、雄斑纹相似。前翅外缘波纹状、凹入；后翅前缘内凹，外缘较圆，有明显叶状尾突，臀角有圆弧形叶状突。翅背面底色黑褐色，前、后翅有紫蓝色斑，不同的季节型蓝斑面积大小不一，部分季节型蓝斑几乎占满翅面。翅腹面浅褐色，后翅近基部色彩深，前、后翅各有1条褐色斑带，前翅纵向，后翅呈圆弧形横带，前翅中室有数道白色斑线，后翅有云状纹。

地理分布　产于双坑口、黄桥。分布于福建、广东、海南、台湾、广西。

发生　1年多代，成虫多见于5—10月。

寄主　杠香藤。

背面　　　　　　　　　　　　　　　腹面

175 银线灰蝶

Spindasis lohita (Horsfield, 1829)

科　灰蝶科 Lycaenidae
属　银线灰蝶属 *Spindasis* Wallengren, 1857

形态特征　中小型灰蝶。雌、雄斑纹相异。躯体黑褐色,有浅黄色细环。后翅有2条丝状细尾突。臀角附近有叶状突。翅背面底色黑褐色,雄蝶有具金属光泽之靛蓝色纹,雌蝶无纹。翅腹面底色呈浅黄色,前、后翅均有含银线之黑褐色条纹,黑褐色条纹与银线间无空隙;前翅腹面翅基纹附近斑纹呈屈膝状,末端反折部分呈杆状;后翅腹面翅基附近斑纹相连成带,Cu2室的斑纹向后延伸。翅臀区处有1个橙色斑,叶状突黑色,内有银色纹。

地理分布　产于双坑口、黄桥。分布于浙江、广东、四川、福建、香港、台湾。

发生　1年多代,成虫多见于5—10月。

寄主　薯蓣科植物。

176　豆粒银线灰蝶

Spindasis syama (Horsfield, 1829)

科	灰蝶科 Lycaenidae
属	银线灰蝶属 *Spindasis* Wallengren, 1857

形态特征　中小型灰蝶。雌、雄斑纹相异。躯体黑褐色,有浅黄色细环。后翅有2条丝状细尾突。臀角附近有叶状突。翅背面底色黑褐色,雄蝶有具金属光泽之靛蓝色纹,雌蝶无纹。翅腹面底色呈浅黄色,前、后翅均有含银线之黑褐色或红褐色条纹;前翅腹面翅基纹短棒状;后翅腹面翅基附近斑纹分裂为3枚小斑。后翅臀角附近有橙色斑;叶状突黑色,内有银色纹。

地理分布　产于黄桥。分布于福建、云南、广东、香港、台湾。

发生　1年多代,成虫见于5—10月。

寄主　薯蓣科植物。

背面　　　　　　　　　　　　　腹面

177　安灰蝶

Ancema ctesia (Hewitson, [1865])

| 科 | 灰蝶科 Lycaenidae |
| 属 | 安灰蝶属 *Ancema* Eliot, 1973 |

形态特征　中型灰蝶。雄蝶背面黑褐色,前、后翅有大片金属光泽的暗蓝斑,前翅翅面中央及后缘中央、后翅前缘近基部有灰色性标。翅腹面底色银灰色;前、后翅中室端有黑褐色纹,亚外缘有1列黑褐色斑点形成的条纹;后翅近基部有1个黑褐色小斑,臀角及外缘有2个黑斑,外围包裹橙色纹。雌蝶斑纹与雄蝶相似,但翅背面蓝斑较淡,前翅蓝斑带白,无性标。

地理分布　产于黄桥。分布于浙江、福建、广东、广西、海南、云南、西藏、香港。

发生　1年多代,成虫多见于3—11月。

寄主　扁枝槲寄生。

背面

腹面

178　绿灰蝶

Artipe eryx Linnaeus, 1771

科　灰蝶科 Lycaenidae
属　绿灰蝶属 *Artipe* Boisduval, 1870

形态特征　中大型灰蝶。后翅有细长的尾突。雄蝶翅背面黑褐色,前翅基半部及后翅大部分有金属光泽的蓝斑,臀角有圆状突出,呈绿色。翅腹面绿色,前翅亚外缘有 1 条白色细带,后翅中室端有白色短条,外中区及亚外缘分别有 1 条白纹,其中亚外缘白纹后半段白线格外发达,雌蝶更加明显且外缘有模糊白圈纹,近臀角处有 2 个黑斑,有时黑斑会退化,圆状臀角为黑色。雌蝶个体明显较雄蝶大;翅背面灰褐色,后翅有白纹;翅腹面斑纹与雄蝶类似,但白纹更加发达。

地理分布　产于双坑口、黄桥。分布于浙江、江西、福建、广东、台湾、海南、广西、贵州、云南、四川、香港。

发生　1 年 5~6 代,成虫多见于 4—10 月。

寄主　栀子。

179 东亚燕灰蝶
Rapala micans (Bremer & Grey, 1853)

科 灰蝶科 Lycaenidae
属 燕灰蝶属 *Rapala* Moore, [1881]

形态特征 中型或中小型灰蝶。雌、雄斑纹相似。躯体背侧黑褐色,腹侧胸部浅褐色或灰色,腹部黄白色或橙色。后翅有细长尾突。翅背面褐色,有蓝色金属光泽;前翅常有橙红色纹。翅腹面底色褐色或浅褐色;前、后翅各有1条线纹,外侧为模糊白线,中间为暗褐色线,内侧为橙色线,线纹于后翅后侧反折成 W 形;前、后翅中室端有模糊暗褐色重短条,沿外缘有2道暗色带;后翅臀角附近有眼状斑。雄蝶前翅腹面后缘具长毛,后翅背面近翅基处有半圆形灰色性标。

地理分布 产于双坑口。分布于浙江、北京、湖北、四川、云南。

发生 1年多代,成虫除冬季外全年可见。

寄主 蔷薇科、鼠李科植物。

背面 　　　　　　　　　腹面

180　生灰蝶

Sinthusa chandrana (Moore, 1882)

科　灰蝶科 Lycaenidae
属　生灰蝶属 *Sinthusa* Moore, 1884

形态特征　中型灰蝶。雄蝶翅背面底色呈深褐色,前翅内侧暗蓝色,后翅则带金属紫蓝色斑;雌蝶翅背面底色呈深褐色,部分个体前翅中央有橙斑,后翅中央带白斑。翅腹面底色呈灰白色;两翅有断裂为数截的灰褐色斑列,中室端有短斑;后翅基部有数个黑点,后翅臀区附近散布金属蓝色鳞片,并有1个橙色包围的黑色眼斑,臀叶黑色。旱季型翅腹面斑纹消退,雌蝶翅背面浅色斑更发达。

地理分布　产于洋溪。分布于福建、浙江、江西、云南、四川、广西、广东、海南、台湾、香港。

发生　1年多代,成虫几乎全年可见。

寄主　蔷薇科悬钩子属植物。

181 红灰蝶

Lycaena phlaeas (Linnaeus, 1761)

科　灰蝶科 Lycaenidae
属　灰蝶属 *Lycaena* Fabricius, 1807

形态特征　中小型灰蝶。前翅背面红色,中室有2个黑斑,中室外有黑斑带,外缘黑色;后翅背面黑褐色,外缘有红色带。前翅腹面橙黄色,斑纹同背面,外缘灰褐色;后翅腹面灰褐色,基部中域、中域外侧有小黑斑,外缘红色。

地理分布　产于黄桥。广布于全国大部分地区。

发生　1年多代,成虫多见于4—10月。

寄主　蓼科酸模属植物。

背面　　　　　　　　　　　　　　腹面

182 浓紫彩灰蝶

Heliophorus ila (de Nicéville & Marrin, [1896])

科 灰蝶科 Lycaenidae
属 彩灰蝶属 *Heliophorus* Geyer, [1832]

形态特征 中型灰蝶。具末端白色的尾突。雄蝶翅背面黑褐色,前翅基半部及后翅内中区有色泽暗淡的深紫色斑;后翅臀角附近有1道橙红色斑纹。翅腹面底色为黄色;前、后翅近外侧有1列细小短线纹,前、后翅外缘有1列外镶白纹的红色斑带。雌蝶翅背面黑褐色,无深紫色斑,前翅中部有1个橙红色斑;翅腹面斑纹与雄蝶类似。

地理分布 产于黄桥。分布于浙江、福建、江西、广东、海南、台湾、广西、四川、陕西、河南。

发生 1年多代,成虫多见于5—8月。

寄主 蓼科火炭母等植物。

背面

腹面

183 莎菲彩灰蝶

Heliophorus saphir (Blanchard, [1871])

科　灰蝶科 Lycaenidae
属　彩灰蝶属 *Heliophorus* Geyer, [1832]

形态特征 中型灰蝶。雄蝶翅形较短、圆。翅背面的前缘、外缘为黑色,其余部分为蓝紫色金属光泽。翅腹面黄色至镉黄色;前翅亚外缘有模糊的暗色横带,后缘靠外有1个内侧带白线的黑色圆点;后翅外缘有发达的橙红色斑带,带内侧有清晰的黑、白两色的新月纹,靠基部有2个黑点,中室端有1条暗色短横带,外中区有1列由若干暗色短横线组成的外弧形横带。雌蝶翅背面褐色,前翅中部有1条橙红色斜带;翅腹面斑纹与雄蝶相似。

地理分布 产于黄桥。分布于浙江、江西、湖北、湖南、四川、云南、陕西。

发生 1年多代,成虫多见于5—9月。

寄主 蓼科火炭母、小蓼花等植物。

背面　　　　　　　　　　　　　　　腹面

184 黑灰蝶

Niphanda fusca (Bremer & Grey, 1853)

科　灰蝶科 Lycaenidae
属　黑灰蝶属 *Niphanda* Moore, [1875]

形态特征　中型灰蝶。雌、雄异型。雄蝶翅背暗紫色;翅腹面灰白色不规则斑纹相间。雌蝶翅背面棕灰色,有些个体呈灰白相间的颜色;翅腹面斑纹分布与雄蝶近似。

地理分布　产于双坑口。分布于浙江、北京、辽宁、陕西。

发生　1年2代,成虫多见于5—8月。

寄主　蚂蚁幼虫。

185 峦太锯灰蝶

Orthomiella rantaizana Wileman, 1910

科　灰蝶科 Lycaenidae
属　锯灰蝶属 *Orthomiella* de Nicéville, 1890

形态特征　小型灰蝶。雄蝶翅背面黑褐色；后翅上半部有鲜亮的金属蓝斑块，易与属内其他种类区分。翅腹面为黄褐色；前、后翅中央及近翅基处有镶白边的暗褐色纹，前翅暗褐色纹弧形排列，后翅暗褐色纹更加明显。雌蝶翅背面为灰褐色，前、后翅靠基部有暗淡的蓝色斑块；翅腹面与雄蝶相似。

地理分布　产于洋溪。分布于浙江、福建、台湾、广东、云南。

发生　1年1代，成虫多见于2—5月。

寄主　板栗。

186 亮灰蝶

Lampides boeticus Linnaeus, 1767

科　灰蝶科 Lycaenidae
属　亮灰蝶属 *Lampides* Hübner, [1819]

形态特征　中型灰蝶。后翅具尾突。雄蝶翅背面蓝紫色,仅外缘有极细的黑边,近臀角处有2个黑点。翅腹面浅灰褐色;前、后翅有许多白色细线及褐色带组成的斑纹;后翅亚外缘有1条醒目的宽阔白带,臀角处有2个黑斑,黑斑内有绿黄色鳞片,外具橙黄色纹。雌蝶斑纹与雄蝶类似,但背面黑褐色部分明显较宽,后翅外缘和亚外缘有白纹及白带。

地理分布　产于洋溪。分布于安徽、江苏、浙江、福建、陕西、河南、台湾、海南、广东、云南、香港。

发生　1年多代,成虫几乎全年可见。

寄主　豆科植物。

背面　　　　　　　　　　　　　腹面

187 雅灰蝶

Jamides bochus (Stoll, [1782])

科　灰蝶科 Lycaenidae
属　雅灰蝶属 *Jamides* Hübner, [1819]

形态特征　中型灰蝶。尾突细长。雌雄异型。雄蝶翅背面前翅前缘、外缘及翅角为较宽黑色，由中部到后翅均为蓝色金属闪光，后翅外缘黑色。翅腹面为褐色，前翅由白线组成 Y 形图案，后翅白线不规则排列，臀区有 1 个橙边包围的圆形黑斑。雌蝶翅面为浅蓝色斑，无光泽。

地理分布　产于双坑口、黄桥。分布于江西、浙江、福建、广东、广西、海南、云南、湖南、香港、台湾。

发生　1 年多代，成虫多见于 5—12 月。

寄主　豆科植物，野葛花上最为常见。

背面

腹面

188　酢浆灰蝶

Zizeeria maha (Kollar, [1844])

科　灰蝶科 Lycaenidae
属　吉灰蝶属 *Zizeeria* Chupman, 1910

形态特征　小型灰蝶。翅背面雄蝶闪淡蓝色金属光泽,雌蝶则为黑色,但低温型个体翅基部至中域有蓝色金属光泽;高温型个体翅腹面白色,具有许多小黑点;低温型个体翅腹面呈淡黄褐色,具许多围有淡色环纹的黑色或褐色小点。

地理分布　产于保护区各地。分布于江苏、浙江、福建、江西、广东、广西、海南、四川、重庆、贵州、云南、西藏、香港、台湾。

发生　1年多代,成虫多见于4—10月。

寄主　酢浆草。

背面(雄)

腹面(雄)

背面(雌)

腹面(雌)

189 蓝灰蝶

Everes argiades (Pallas, 1771)

科　灰蝶科 Lycaenidae
属　蓝灰蝶属 *Everes* Hübner, [1819]

形态特征　小型灰蝶。具尾突。翅背面雄蝶呈蓝紫色;雌蝶则为黑褐色,仅在翅基部具蓝色金属光泽。翅腹面白色至淡灰色,具许多黑色小斑点。后翅近臀角处具橙色斑。

地理分布　产于双坑口、黄桥。分布于大部分地区。

发生　1年多代,成虫多见于3—11月。

寄主　葎草、苜蓿、紫云英、豌豆等植物。

背面

腹面

190 点玄灰蝶

Tongeia filicaudis (Pryer, 1877)

| 科 | 灰蝶科 Lycaenidae |
| 属 | 玄灰蝶属 *Tongeia* Tutt, [1908] |

形态特征 小型灰蝶。具尾突。雌、雄斑纹相似。翅背面底色为黑褐色;前翅无斑纹;后翅外缘、亚外缘有隐约模糊的黑斑,边缘有模糊的淡蓝线。翅腹面底色为带褐色的白色或浅灰色;前、后翅中室内及翅基附近有暗褐色小斑点,其中前翅中室及下方的2个小黑斑可与近似种区分,前、后翅亚外缘有暗褐色重纹列;后翅臀角附近有橙黄色弦月纹。

地理分布 产于双坑口、黄桥。分布于浙江、福建、河南、山东、四川、陕西、广东、台湾。

发生 1年多代,成虫多见于4—10月。

寄主 景天科植物。

背面

腹面

191 波太玄灰蝶

Tongeia potanini (Alphéraky, 1889)

科 灰蝶科 Lycaenidae
属 玄灰蝶属 *Tongeia* Tutt, [1908]

形态特征 小型灰蝶。翅腹面底色较纯，斑纹多呈条状，不似其他玄灰蝶有密集的斑点；后翅翅基处有2个斑点，斑纹或斑点的颜色较浅，呈灰褐色。

地理分布 产于双坑口。分布于浙江、福建、河南、陕西、四川。

发生 1年多代，成虫多见于5—9月。

寄主 景天科植物。

192 黑丸灰蝶

Pithecops corvus Fruhstorfer, 1919

科　灰蝶科 Lycaenidae
属　丸灰蝶属 *Pithecops* Horsfield, [1828]

形态特征　小型灰蝶。翅背面黑褐色。翅腹面白色,翅外缘具1列小黑斑,其内侧具1条淡黄褐色的细线,亚外缘具1列不很显著的淡褐色小斑;前翅前缘处具2个小黑点;后翅顶角处具1个大黑斑。

地理分布　产于双坑口、黄桥。分布于浙江、江西、福建、广东、广西、香港。

发生　1年多代,成虫多见于5—11月。

寄主　豆科山蚂蝗属植物。

背面　　　　　　　　　　腹面

193 钮灰蝶

Acytolepis puspa (Horsfield, [1828])

科　灰蝶科 Lycaenidae
属　钮灰蝶属 *Acytolepis* Toxopeus,1927

形态特征　小型灰蝶。雄蝶翅背面闪有蓝紫色光泽,外缘呈黑褐色,中域常具灰白色斑纹;雌蝶翅背面中域具发达的白斑,基部覆有蓝紫色鳞片。翅腹面白色,具发达的黑褐色斑点,其中翅亚外缘的斑点多呈长条状。

地理分布　产于洋溪。分布于浙江、福建、江西、广东、广西、海南、四川、云南、西藏、香港、台湾。

发生　1年多代,成虫几乎全年可见。

寄主　苏铁及蔷薇科、大戟科、豆科等植物。

194　白斑妩灰蝶

Udara albocaerulea (Moore, 1879)

科　灰蝶科 Lycaenidae
属　妩灰蝶属 *Udara* Toxopeus,1928

形态特征　小型灰蝶。雄蝶翅背面闪有蓝紫色光泽，前翅顶角处呈黑色，前翅中域以及后翅大部分区域呈白色；雌蝶翅背面黑褐色，近翅中域具蓝色和白色斑纹。翅腹面白色，具有许多显著的褐色小斑，外缘缺少褐色细线。

地理分布　产于双坑口。分布于浙江、安徽、福建、江西、台湾、广东、广西、四川、贵州、云南、西藏、香港。

发生　1年多代，成虫多见于5—10月。

寄主　忍冬科荚蒾属植物。

背面（雄）

腹面（雄）

背面（雌）

腹面（雌）

195 妩灰蝶

Udara dilecta (Moore, 1879)

科　灰蝶科 Lycaenidae
属　妩灰蝶属 *Udara* Toxopeus,1928

形态特征　小型灰蝶。雄蝶翅背面具有蓝紫色光泽,前翅中域以及后翅前缘处常具白色斑纹;雌蝶翅背面中域具蓝灰色斑纹。翅腹面白色,具有许多褐色的小斑。

地理分布　产于双坑口。分布于安徽、浙江、福建、江西、广东、广西、海南、四川、贵州、云南、西藏、香港、台湾。

发生　1年多代,成虫多见于4—10月。

寄主　壳斗科植物。

背面　　　　　　　　　　　腹面

196　琉璃灰蝶
Celastrina argiola (Linnaeus, 1758)

科　灰蝶科 Lycaenidae
属　琉璃灰蝶属 *Celastrina* Tutt, 1906

形态特征　中型灰蝶。雄蝶翅背面浅蓝色,前翅外缘及后翅前缘带黑边,后翅亚外缘有 1 列模糊黑斑点。翅腹面底色白色,有细小而颜色均匀的灰褐色斑点,沿外缘带灰褐色点列和波浪线纹,前翅外侧的灰褐色纹大致排列成直线,后翅 Cu2 室的灰褐色纹断为两截。雌蝶前翅背面黑边明显较阔,中央呈灰蓝色,后翅亚外缘的黑斑更明显。

地理分布　产于双坑口、黄桥。分布于除新疆、海南外的所有省份。

发生　1 年多代,成虫多见于 4—10 月。

寄主　蚕豆、野葛、胡枝子、山绿豆等。

197 大紫琉璃灰蝶
Celastrina oreas (Leech, [1893])

科 灰蝶科 Lycaenidae
属 琉璃灰蝶属 *Celastrina* Tutt, 1906

形态特征 中型灰蝶。体形较大。雄蝶翅背面深紫蓝色,前翅外缘及后翅前缘具窄黑边。翅腹面底色呈白色,有细小的灰褐色斑点;后翅基部散布浅蓝色鳞片。雌蝶前翅背面前缘和外缘有阔黑边,中央呈灰蓝色;后翅亚外缘有明显黑斑列和波浪线纹。

地理分布 产于双坑口。分布于浙江、云南、四川、贵州、陕西、西藏、台湾。

发生 1年多代,成虫多见于4—9月。

寄主 蔷薇科植物。

背面

腹面

198 曲纹紫灰蝶

Chilades pandava (Horsfield, [1829])

科　灰蝶科 Lycaenidae
属　紫灰蝶属 *Chilades* Moore, [1881]

形态特征　中型灰蝶。具尾突。雌、雄异型。雄蝶翅背面紫色,具有光泽;前翅外缘黑带较窄;后翅贴近外缘各室内有1个黑色斑,前缘深灰色。翅腹面灰色,外中区与外缘间有较多黑色斑点,有白色边相伴,臀区有1块较黑色圆斑,伴有较明显橙色斑。雌蝶翅背面深灰色,前翅中部有较暗蓝色鳞斑,后翅有1个橙色斑。

地理分布　产于黄桥、碑排。分布于长江以南各省份。

发生　1年多代,成虫全年可见。

寄主　苏铁。

◆ 第十一章　弄蝶科

　　小型或中型蝴蝶,体粗壮。翅颜色较深暗,以黑色、褐色或棕色为主,少数为黄色或白色。飞翔迅速且带跳跃,多在早晚活动,在花丛中穿插,在多雨年份发生较多。

　　寄主主要为禾本科、豆科、天南星科、唇形科、芸香科、清风藤科、薯蓣科等植物。部分种类是水稻、甘蔗及粟类等作物的重要害虫。

　　世界广布。全世界已知4100余种。中国记载370余种。保护区记载32属45种。

199　白伞弄蝶
Burara gomata (Moore, 1865)

科　弄蝶科 Hesperiidae
属　伞弄蝶属 *Burara* Swimhoe, 1893

形态特征　中大型弄蝶。翅背面雄蝶呈灰褐色或淡褐色，雌蝶则呈蓝色；翅脉呈深褐色；雌蝶前翅中域常具1~2个白斑。翅腹面深褐色，翅脉和翅室具放射状蓝白色细条纹，基部至外缘具1条宽阔的蓝白色斑带。

地理分布　产于洋溪。分布于浙江、福建、江西、湖北、广东、广西、四川、云南、海南、香港。

发生　1年多代，成虫多见于3—12月。

寄主　五加科鹅掌柴属植物。

200　大伞弄蝶

Burara miracula (Evans, 1949)

科　弄蝶科 Hesperiidae
属　伞弄蝶属 *Burara* Swimhoe, 1893

形态特征　大型弄蝶。翅背面深褐色,两翅基部具黄棕色的鳞毛;翅腹面除了前翅下半部呈黑褐色外,其余区域均呈灰绿色或淡蓝绿色,翅脉呈褐色。后翅臀角处的缘毛呈淡橙黄色。

地理分布　产于双坑口、黄桥。分布于浙江、福建、江西、广东、广西、四川、重庆。

发生　1年1代,成虫多见于6—9月。

寄主　树参。

201 无趾弄蝶

Hasora anurade de Nicéville, 1889

科　弄蝶科 Hesperiidae
属　趾弄蝶属 *Hasora* Moore, [1881]

形态特征　中大型弄蝶。雌、雄斑纹相异。躯体褐色,后翅叶状突不明显。翅背面褐色,除前翅前缘外侧有数枚黄白色小点外无纹,翅基具褐色长毛。翅腹面底色褐色,前、后翅外半部有1条模糊斜行浅色线,后翅浅色线后端有1条黄白色小纹,后翅中室端有1个黄白色小点。雌蝶前翅有3枚明显的半透明米黄色斑,前缘外侧翅顶附近有1列同色小斑,翅基有黄褐色长毛;翅腹面色彩与雄蝶相近,唯前翅之半透明斑产于相应位置。

地理分布　产于双坑口。分布于浙江、江西、福建、四川、重庆、云南、贵州、陕西、河南、广西、广东、香港、海南、台湾。

发生　1年1代,成虫多见于6—9月。

寄主　豆科崖豆藤属及红豆属植物。

202 绿弄蝶

Choaspes benjaminii (Guérin-Ménéville, 1843)

科　弄蝶科 Hesperiidae
属　绿弄蝶属 *Choaspes* Moore, [1881]

形态特征　中大型弄蝶。雌、雄斑纹相似。胸部背侧被蓝褐色长毛,腹部腹侧有橙黄色纹。后翅臀角有叶状突。翅背面底色暗蓝绿色,翅基有蓝绿色毛;后翅臀角沿外缘有橙红色边。翅腹面底色绿色,沿翅脉黑褐色;后翅臀区附近有橙红色及黑褐色纹。雌蝶翅背面底色较暗,蓝绿色长毛与底色的对比显著。雄蝶后足胫节基部生有2组黄褐色长毛束。

地理分布　产于黄桥。分布于浙江、福建、江西、云南、陕西、河南、广西、广东、香港、台湾。

发生　1年2代,成虫多见于4—8月。

寄主　清风藤科清风藤属、泡花树属植物。

背面　　　　　　　　　　腹面

203 双带弄蝶
Lobocla bifasciata (Bremer & Grey, 1853)

科　弄蝶科 Hesperiidae
属　带弄蝶属 *Lobocla* Moore, 1884

形态特征　中型弄蝶。翅背面黑褐色；雄蝶前翅前缘外侧具黄褐色性标；亚顶区有白色半透明小斑列，中域半透明白斑带斜向较宽，后翅无斑纹。前翅腹面顶区覆白色鳞片；后翅腹面白色鳞片多，中部有2条浅黑色带，横向上下分布。

地理分布　产于双坑口、黄桥。分布于浙江、北京、辽宁、陕西、广东、云南、台湾。

发生　1年2代，成虫多见于5—9月。

寄主　不明。

背面　　　　　　　　　　　腹面

204 斑星弄蝶

Celaenorrhinus maculosus C. & R. Felder, [1867]

科　弄蝶科 Hesperiidae
属　星弄蝶属 *Celaenorrhinus* Hübner, [1819]

形态特征　中大型弄蝶。触角末端具1条黄白环。腹部黄黑相间。翅背面底色暗褐色。前翅中室端及其他翅室有鲜明白斑,约略排成斜列;中室端外小白斑较斑列后端小白斑更小;翅顶附近有3枚排成1列的小白纹。后翅有许多鲜明的黄色斑纹,缘毛黄黑相间,但前端黄色部分常减退、消失。翅腹面斑纹、色彩与翅背面相似,但翅基有放射状黄色条纹。

地理分布　产于双坑口、黄桥、洋溪。分布于江苏、浙江、贵州、四川、重庆、湖北、湖南、河南、台湾。

发生　1年1代,成虫多见于5—9月。

寄主　荨麻科植物。

背面　　　　　　　　　　腹面

205 白弄蝶

Abraximorpha davidii (Mobille, 1876)

科 弄蝶科 Hesperiidae
属 白弄蝶属 *Abraximorpha*
Elwes & Edwards, 1897

形态特征 中型弄蝶。翅形圆润。翅背面底色呈黑褐色,具发达的白色斑纹和小黑斑,散布灰白色鳞片和细毛;翅腹面白斑较翅背面发达。

地理分布 产于双坑口、黄桥、洋溪。分布于江苏、浙江、福建、江西、湖北、广东、广西、四川、贵州、云南、陕西、香港、台湾。

发生 1年多代,成虫多见于4—11月。

寄主 蔷薇科悬钩子属植物。

背面   腹面

206 花窗弄蝶
Coladenia hoenei Evans, 1939

科　弄蝶科 Hesperiidae
属　窗弄蝶属 *Coladenia* Moore, 1881

形态特征　中型弄蝶。后翅外缘略呈波状。翅底色为棕褐色,前、后翅中域均具有大小不等的白斑,其中后翅外侧的小白斑常围有黑边,其外侧具有淡褐色环纹。

地理分布　产于双坑口、黄桥。分布于浙江、福建、安徽、广东、四川、河南、陕西。

发生　1年1代,成虫多见于5—6月。

寄主　不明。

207　幽窗弄蝶

Coladenia sheila Evans, 1939

科　弄蝶科 Hesperiidae
属　窗弄蝶属 *Coladenia* Moore, 1881

形态特征　中型弄蝶。翅底色为黑褐色。翅背面亚外缘散布灰白色的鳞片；前翅中域具2个较大的白斑，外侧具4个小白斑，近顶角通常具5个小白斑；后翅中域具1个很大的白斑。翅腹面斑纹基本同翅背面，前翅内缘和后翅内缘呈灰白色。

地理分布　产于双坑口、黄桥。分布于浙江、福建、安徽、广东、河南、陕西、四川。

发生　1年1代，成虫多见于4—6月。

寄主　不明。

208 大襟弄蝶

Pseudocoladenia dea (Leech, 1892)

科 弄蝶科 Hesperiidae

属 襟弄蝶属 *Pseudocoladenia* Shirôzu & Saigusa, 1962

形态特征 中型弄蝶。近似黄襟弄蝶,区别在于:本种个体通常稍大;雄蝶前翅的半透明斑纹呈黄色,雌蝶则呈白色;后翅腹面中域具许多黄色斑;全翅缘毛通常为黄色和黑色相间状。

地理分布 产于双坑口。分布于安徽、浙江、江西、湖北、四川、甘肃。

发生 1年多代,成虫多见于5—10月。

寄主 苋科牛膝属植物。

背面　　　　　　　　　　　　腹面

209 黑弄蝶

Daimio tethys (Ménétriés, 1857)

科 弄蝶科 Hesperiidae
属 黑弄蝶属 *Daimio* Murray, 1875

形态特征 中型弄蝶。翅底色为黑色；前翅具数个小白斑；全翅的缘毛黑白相间；后翅中域具1条宽阔的白色斑带，其外围具数个小黑点。

地理分布 产于保护区各地。分布于东北、华北以及南方广大地区。

发生 1年多代，成虫多见于3—11月。

寄主 薯蓣科植物。

210 中华捷弄蝶
Gerosis sinica (C. & R. Felder, 1862)

科　弄蝶科 Hesperiidae
属　捷弄蝶属 *Gerosis* Mabille, 1903

形态特征　中型弄蝶。翅底色为黑褐色；前翅近顶角具数个小白斑，中域数个较大的白斑延伸至后缘；后翅中域具1个较大的白斑，其外侧具1列小黑斑。前翅缘毛黑褐色，后翅缘毛黑白相间。腹部末端背侧覆有白色鳞片。

地理分布　产于双坑口。分布于浙江、福建、湖北、广东、广西、海南、四川、云南、西藏。

发生　1年多代，成虫多见于3—12月。

寄主　豆科香港黄檀等植物。

211 密纹飒弄蝶

Satarupa monbeigi Oberthür, 1921

科 弄蝶科 Hesperiidae

属 飒弄蝶属 *Satarupa* Moore, 1865

形态特征 大型弄蝶。前翅中室白斑较发达,且靠近翅中域的白斑、中域下侧的白斑较小;后翅白色斑带较窄,外侧具1列不很清晰的黑色斑点;后翅腹面白斑近前缘处具2个明显的黑斑。

地理分布 产于双坑口。分布于浙江、安徽、北京、湖北、湖南、广东、广西、四川、贵州。

发生 1年1代,成虫多见于5—8月。

寄主 芸香科吴茱萸、飞龙掌血等植物。

212 沾边裙弄蝶

Tagiades litigiosa Müschler, 1878

| 科 弄蝶科 Hesperiidae
| 属 裙弄蝶属 *Tagiades* Hübner, [1819]

形态特征 中型弄蝶。翅背面黑褐色；前翅上部具数个小白斑；后翅中域下侧具1个大白斑，且沿着翅脉抵达外缘，其外侧具1列小黑斑，雌蝶后翅的白斑更为发达。腹部末端背侧具白色鳞片。

地理分布 产于黄桥。分布于浙江、福建、江西、广东、广西、海南、四川、云南、西藏、香港。

发生 1年多代，成虫多见于4—11月。

寄主 薯蓣科植物。

背面

腹面

213 **黑边裙弄蝶**
Tagiades menaka (Moore, 1865)

科 弄蝶科 Hesperiidae
属 裙弄蝶属 *Tagiades* Hübner, [1819]

形态特征 中型弄蝶。翅背面黑褐色；前翅上部具数个小白斑；后翅中域下侧具1个较大的白斑，该白斑的下侧具有数个大小不等的黑斑。后翅腹面白斑更发达，外侧具许多小黑斑，并且白斑常沿着翅脉延伸至外缘。腹部末端背侧具白色鳞片。

地理分布 产于双坑口。分布于浙江、福建、广东、广西、海南、四川、云南、西藏、香港。

发生 1年多代，成虫多见4—10月。

寄主 薯莨。

背面   腹面

214 曲纹袖弄蝶

Notocrypta curvifascia (C. & R. Felder, 1862)

科　弄蝶科 Hesperiidae
属　袖弄蝶属 *Notocrypta* de Nicéville, 1889

形态特征　中型弄蝶。前翅中域的白斑不到达前翅前缘,前翅顶角处具有数个小白斑;翅腹面具黄褐色和暗蓝色的鳞片。

地理分布　产于黄桥。分布于浙江、福建、广东、广西、四川、云南、西藏、香港、台湾。

发生　1年3代,成虫多见于4—11月。

寄主　山姜、蘘荷等姜科植物。

背面(雄)　　　　　腹面(雄)

背面(雌)　　　　　腹面(雌)

215 姜弄蝶

Udaspes folus (Cramer, [1775])

科 弄蝶科 Hesperiidae
属 姜弄蝶属 *Udaspes* Moore, 1881

形态特征 中大型弄蝶。翅背面黑褐色,前翅中域具有数个白斑,后翅中域具1个较大的白斑;翅腹面棕褐色,斑纹基本同背面,但后翅基部至内缘区域散布灰白色鳞片;全翅的缘毛为黑白相间。

地理分布 产于双坑口、黄桥。分布于江苏、浙江、福建、广东、云南、四川、香港、台湾。

发生 1年多代,成虫多见于5—9月。

寄主 姜、襄荷等姜科植物。

背面

腹面

216 小锷弄蝶

Aeromachus nanus Leech, 1890

科　弄蝶科 Hesperiidae
属　锷弄蝶属 *Aeromachus* de Nicéville, 1890

形态特征 小型弄蝶。翅背面黑褐色,前翅中域外侧具数个淡黄色小点,后翅无斑纹;后翅腹面散布淡黄褐色鳞片,具有许多淡黄色小斑。

地理分布 产于黄桥。分布于安徽、浙江、福建、江西、湖北、广东、广西、贵州。

发生 1年多代,成虫多见于5—10月。

寄主 禾本科植物。

背面

腹面

217　黑锷弄蝶

Aeromachus piceus Leech, 1893

科　弄蝶科 Hesperiidae
属　锷弄蝶属 *Aeromachus* de Nicéville, 1890

形态特征　小型弄蝶。翅背面黑褐色，雄蝶前翅中域具黑色性标，雌蝶前翅中域常具1列淡黄色小斑；翅腹面黄褐色，前翅具1列淡黄色小斑，后翅具2列淡黄色小斑。

地理分布　产于双坑口。分布于浙江、福建、广东、广西、四川、云南、陕西、甘肃。

发生　1年多代，成虫多见于5—9月。

寄主　禾本科植物。

218 腌翅弄蝶

Astictopterus jama C. & R. Felder, 1860

科　弄蝶科 Hesperiidae
属　腌翅弄蝶属 *Astictopterus*
　　C. & R. Felder, 1860

形态特征　中型弄蝶。翅背面黑褐色,无斑或仅在前翅顶角处具2~3个排成1列的小白斑;后翅腹面呈深棕褐色,具有黑色的暗斑,散布黄褐色或灰色鳞片。

地理分布　产于黄桥、洋溪。分布于浙江、福建、江西、广东、广西、海南、云南、香港。

发生　1年多代,成虫多见于4—11月。

寄主　芒、五节芒。

背面

腹面

219 峨眉酣弄蝶

Halpe nephele Leech, 1893

科　弄蝶科 Hesperiidae
属　酣弄蝶属 *Halpe* Moore, 1878

形态特征　中型弄蝶。翅背面深褐色;前翅中室内具1个椭圆形的淡黄色小斑,其外侧具5个小斑,雄蝶前翅中域具性标;后翅中域具淡色斑。翅腹面淡黄褐色,前翅外侧具1列黄色小斑,后翅具2列黄色长条斑。前翅缘毛黑白相间;后翅缘毛为白色,脉端略呈黑色。

地理分布　产于黄桥。分布于安徽、浙江、福建、江西、广西、四川、重庆、贵州、海南。

发生　1年多代,成虫多见于4—11月。

寄主　禾本科竹亚科植物。

背面　　　　　　　腹面

220 讴弄蝶

Onryza maga (Leech, 1890)

科 弄蝶科 Hesperiidae
属 讴弄蝶属 *Onryza* Watson, 1893

形态特征 中小型弄蝶。翅背面黑褐色,前翅中域具数个黄色的矩形小斑,后翅中域具 1~2 个小黄斑;后翅腹面黄色,具有许多黑色细纹或小黑斑。

地理分布 产于黄桥。分布于安徽、浙江、福建、江西、湖南、广东、广西、贵州、四川、陕西、台湾。

发生 1 年多代,成虫多见于 3—11 月。

寄主 不明。

背面   腹面

221 栾川陀弄蝶

Thoressa luanchuanensis (Wang & Niu, 2002)

科　弄蝶科 Hesperiidae
属　陀弄蝶属 *Thoressa* Swinhoe, [1913]

形态特征　小型弄蝶。翅背面棕色,斑纹黄色,前翅中室及中室外各有2个斑,亚顶角有3个斑。后翅中域有黄色毛列及2个黄斑。翅腹面黄色,背面斑透视明显。

地理分布　产于黄桥。分布于浙江、陕西、甘肃、河南。

发生　1年1代,成虫见于5—6月。

寄主　不明。

222 黎氏刺胫弄蝶

Baoris leechii Elwes & Edwards,1897

科　弄蝶科 Hesperiidae

属　刺胫弄蝶属 *Baoris* Moore, 1881

形态特征　中型弄蝶。翅背面深褐色,翅腹面黄褐色,前翅具8~9个白斑,后翅无斑纹。雄蝶前翅腹面中下部具椭圆形的灰白色性标,后翅背面中部具毛刷状性标。

地理分布　产于黄桥。分布于浙江、安徽、福建、江西、湖南、广东、广西、四川、陕西。

发生　1年多代,成虫多见于4—11月。

寄主　禾本科竹亚科植物。

背面　　　　　　　　　腹面

223 斑珂弄蝶
Caltoris bromus (Leech, 1894)

科　弄蝶科 Hesperiidae
属　珂弄蝶属 *Caltoris* Swinhoe, 1893

形态特征　中型弄蝶。翅背面为深褐色;翅腹面为褐色;斑点为白色至淡黄白色,个体间变异幅度较大,通常前翅具8~10个小白斑,也有些个体前翅完全无斑纹;后翅中部通常具1~2个淡黄色小斑,有些个体则无斑。

地理分布　产于双坑口。分布于浙江、福建、广东、广西、海南、四川、云南、香港、台湾。

发生　1年多代,成虫多见于3—11月。

寄主　芦苇、芦竹等禾本科植物。

224 珂弄蝶

Caltoris cahira (Moore, 1877)

科 弄蝶科 Hesperiidae
属 珂弄蝶属 *Caltoris* Swinhoe, 1893

形态特征 中小型弄蝶。翅背面为黑褐色;翅腹面为深褐色;斑点为白色,个体间变异幅度较大,通常前翅具有4~8个小白斑,后翅无斑纹。

地理分布 产于双坑口、黄桥、洋溪。分布于浙江、福建、江西、广东、广西、海南、贵州、四川、云南、香港、台湾。

发生 1年多代,成虫多见于4—11月。

寄主 禾本科竹亚科植物。

背面

腹面

225 曲纹稻弄蝶

Parnara ganga Evans, 1937

科 弄蝶科 Hesperiidae
属 稻弄蝶属 *Parnara* Moore, 1881

形态特征 中小型弄蝶。翅背面褐色;翅腹面黄褐色;翅面斑点呈白色、半透明状,前翅通常具5~6个斑点,后翅中部具4~5个曲折状排列的斑点。

地理分布 产于双坑口。分布于浙江、福建、海南、广东、广西、云南、四川、香港。

发生 1年多代,成虫多见于3—12月。

寄主 水稻、芦苇、芒、稗及竹亚科植物。

背面

腹面

226 直纹稻弄蝶
Parnara guttata (Bremer & Grey, 1853)

科　弄蝶科 Hesperiidae
属　稻弄蝶属 *Parnara* Moore, 1881

形态特征　中型弄蝶。翅背面褐色；翅腹面黄褐色；翅面的斑点呈白色、半透明状，前翅 6~8 个斑点呈弧状排列，后翅中部具 4 个排列成直线的斑点，全翅背面和腹面的斑纹基本一致。

地理分布　产于双坑口、洋溪。除新疆等西北干旱地区外，广布于全国各省份。

发生　1年多代，成虫多见于3—11月。

寄主　水稻、玉米、甘蔗、菰、稗、雀稗、白茅、芒、狼尾草、知风草等植物。

背面　　　　　　　腹面

227 隐纹谷弄蝶

Pelopidas mathias (Fabricius, 1798)

科　弄蝶科 Hesperiidae
属　谷弄蝶属 *Pelopidas* Walker, 1870

形态特征　中型弄蝶。雄蝶翅背面深褐色;翅腹面覆有灰黄色鳞片;前翅具8个呈弧状排列的细小斑点,前翅背面中下部具线状性标,并与前翅2个中室斑的延长线相交;后翅背面通常无斑,后翅腹面中部通常具8个弧状排列的小斑点,但有些个体的部分斑点会退化消失。雌蝶斑纹、色彩基本与雄蝶一致,但前翅性标位置为2个小白斑。

地理分布　产于双坑口、黄桥、洋溪。分布于上海、浙江、福建、北京、山西、辽宁、湖南、广东、广西、四川、贵州、云南、台湾、香港。

发生　1年多代,成虫多见于3—12月。

寄主　水稻、芒、白茅、玉米、狼尾草、狗尾草、茭白、毛竹等。

背面　　　　　　　　　腹面

228 中华谷弄蝶
Pelopidas sinensis (Mabille, 1877)

科 弄蝶科 Hesperiidae
属 谷弄蝶属 *Pelopidas* Walker, 1870

形态特征 中型弄蝶。雄蝶翅面深褐色,白色斑点较发达;前翅具8个呈弧形排列的白斑,前翅背面中下部具线状性标,其长度较短,不与前翅2个中室斑的延长线相交;后翅背面中域具3~5个小白斑,腹面通常具6个白斑。雌蝶斑纹、色彩基本与雄蝶一致,前翅性标位置为2个小白斑。

地理分布 产于双坑口。分布于上海、浙江、安徽、福建、北京、辽宁、河南、湖南、广东、广西、四川、云南、西藏、台湾。

发生 1年多代,成虫多见于4—10月。

寄主 水稻、玉米、芒及竹亚科植物。

229　黄纹孔弄蝶

Polytremis lubricans (Herrich-Schäffer, 1869)

科　弄蝶科 Hesperiidae
属　孔弄蝶属 *Polytremis* Mabille, 1904

形态特征　中型弄蝶。翅色黄褐色,翅面斑点淡黄色,前翅具9个大小不等的斑点,其中中室内的2个斑点互相紧靠,翅中域的斑纹呈长条状,后翅中域具4~5个曲折排列的小斑。雄蝶翅面无性标。

地理分布　产于黄桥。分布于浙江、安徽、江西、福建、湖北、湖南、贵州、广东、广西、海南、四川、云南、西藏、香港、台湾。

发生　1年多代,成虫在亚热带地区多见于5—10月,在热带地区几乎全年可见。

寄主　禾本科植物,如鸭嘴草属。

背面　　　　　　　　　　　　腹面

230 透纹孔弄蝶

Polytremis pellucida (Murray,1875)

科　弄蝶科 Hesperiidae
属　孔弄蝶属 *Polytremis* Mabille, 1904

形态特征　中型弄蝶。翅背面褐色;翅腹面淡黄褐色;翅面斑点呈白色,且个体变异幅度较大,前翅通常具7~9个大小不等的斑点,后翅中部一般具4个小白斑,有些个体白斑完全消失。雄蝶翅面无线状性标。

地理分布　产于双坑口。分布于江苏、浙江、安徽、江西、福建、广东、黑龙江、吉林、河南。

发生　1年多代,成虫多见于5—10月。

寄主　苦竹、方竹、芒、五节芒、水稻等。

背面　　　　　　　　　　　　　　　腹面

231 盒纹孔弄蝶

Polytremis theca (Evans, 1937)

科　弄蝶科 Hesperiidae
属　孔弄蝶属 *Polytremis* Mabille, 1904

形态特征　中型弄蝶。翅背面黑褐色;翅腹面褐色或覆有灰白色鳞片;翅面斑点呈白色,前翅通常具8~9个斑点,后翅中部具4个排列曲折的小斑。雄蝶翅面无性标。

地理分布　产于双坑口、黄桥。分布于浙江、安徽、江西、福建、湖南、广东、广西、贵州、四川、陕西、云南。

发生　1年多代,成虫多见于4—10月。

寄主　禾本科竹亚科植物。

背面

腹面

232　刺纹孔弄蝶

Polytremis zina (Evans, 1932)

科　弄蝶科 Hesperiidae
属　孔弄蝶属 *Polytremis* Mabille, 1904

形态特征　中型弄蝶。翅背面深褐色；翅腹面黄褐色；翅面斑点较发达且呈白色，前翅具9个大小不等的斑点，其中雄蝶前翅靠近基部位置的白斑呈长条状，后翅中部具4~5个排列曲折的椭圆形小斑。雄蝶翅面无性标。

地理分布　产于双坑口。分布于浙江、安徽、江西、福建、黑龙江、吉林、辽宁、河南、四川、广东、广西、陕西、台湾。

发生　1年1代，成虫多见于5—8月。

寄主　水稻、芦苇、芒、稗、狗尾草及竹亚科植物。

233 豹弄蝶

Thymelicus leoninus (Butler, 1878)

科 弄蝶科 Hesperiidae

属 豹弄蝶属 *Thymelicus* Hübner, 1819

形态特征 中型弄蝶。翅背面橙黄色,翅脉呈黑色,翅外缘呈黑褐色;雄蝶中域具线状性标;雌蝶翅面黑色区域发达。翅腹面为淡橙黄色,翅脉呈黑色;雌蝶翅中域具淡黄色斑。

地理分布 产于双坑口、黄桥。分布于浙江、福建、江西、湖北、四川、黑龙江、吉林、辽宁、内蒙古、北京、河北、甘肃。

发生 1年1代,成虫多见于6—8月。

寄主 禾本科植物,如鹅观草属。

234 黑豹弄蝶
Thymelicus sylvaticus (Bremer, 1861)

科 弄蝶科 Hesperiidae
属 豹弄蝶属 *Thymelicus* Hübner, 1819

形态特征 中型弄蝶。翅背面黑褐色,中域具橙黄色斑,被黑色的翅脉分隔;雄蝶前翅背面无线状性标。翅腹面为淡橙黄色,翅脉呈黑色,中域具淡橙黄色斑。

地理分布 产于双坑口、黄桥。分布于浙江、福建、江西、湖北、四川、黑龙江、吉林、辽宁、内蒙古、北京、河北、甘肃。

发生 1年1代,成虫多见于6—8月。

寄主 禾本科植物。

235　白斑赭弄蝶

Ochlodes subhyalina (Bremer & Grey, 1853)

科　弄蝶科 Hesperiidae
属　赭弄蝶属 *Ochlodes* Scudder, 1872

形态特征　中型弄蝶。翅背面棕褐色,斑纹黄白色、半透明,中室端具2个斑,亚顶角有3个斑,下方常有1~2个小斑或无,后翅中室有1个斑,亚外缘区有5个小斑;雄蝶中室外有线状性标,性标外侧有3个斑。翅腹面斑纹同背面。

地理分布　产于双坑口。分布于浙江、北京、辽宁、吉林、山东、陕西、四川、福建、云南。

发生　1年1代,成虫多见于6—8月。

寄主　莎草、求米草。

236　旖弄蝶

Isoteinon lamprospilus C. & R. Felder, 1862

科　弄蝶科 Hesperiidae
属　旖弄蝶属 *Isoteinon* C. & R. Felder, 1862

形态特征　中型弄蝶。翅背面黑褐色,前翅中域具有7个大小不等的白色或黄白色斑,后翅无斑纹。前翅腹面前缘至顶角、后翅腹面大部分区域呈黄褐色或棕褐色;前翅腹面斑纹同背面;后翅腹面具9个圆形白斑,其外围有黑色环。

地理分布　产于保护区各地。分布于安徽、浙江、福建、江西、广东、广西、四川、台湾、香港。

发生　1年多代,成虫多见于4—11月。

寄主　芒、白茅及竹类。

背面　　　　　　　　　　　　　腹面

背面　　　　　　　　　　　　　腹面

237　黄斑蕉弄蝶

Erionota torus Evans, 1941

科　弄蝶科 Hesperiidae
属　蕉弄蝶属 *Erionota* Mabille, 1878

形态特征　大型弄蝶。身体粗且强壮。翅背面为褐色，前翅中域具 3 个黄斑，后翅无斑纹；翅腹面淡黄褐色，斑纹同背面。

地理分布　产于双坑口。分布于浙江、福建、江西、广州、广西、海南、四川、云南、香港。

发生　1 年多代，成虫多见于 4—10 月。

寄主　芭蕉。

238 玛弄蝶
Matapa aria (Moore, 1865)

科 弄蝶科 Hesperiidae
属 玛弄蝶属 *Matapa* Moore, 1881

形态特征 中大型弄蝶。复眼棕红色。翅背面褐色,翅腹面棕红褐色,无斑纹;雄蝶前翅背面中域具灰褐色的线状性标;全翅缘毛呈淡黄色至黄色。

地理分布 产于洋溪。分布于浙江、福建、江西、广东、香港、海南、云南。

发生 1年多代,成虫多见于4—11月。

寄主 禾本科竹亚科植物。

239 孔子黄室弄蝶

Potanthus confucius (C. & R. Felder,1862)

科 弄蝶科 Hesperiidae
属 黄室弄蝶属 *Potanthus* Scudder, 1872

形态特征 中小型弄蝶。翅面黄斑发达,前翅外侧的黄斑相连。

地理分布 产于双坑口、黄桥、洋溪。分布于浙江、安徽、江西、福建、湖北、广东、海南、香港、台湾。

发生 1年多代,成虫多见于5—10月。

寄主 水稻、玉米、芒、毛马唐、白茅及竹亚科植物。

背面

腹面

240 断纹黄室弄蝶

Potanthus trachalus (Mabille, 1878)

科　弄蝶科 Hesperiidae
属　黄室弄蝶属 *Potanthus* Scudder, 1872

形态特征　中型弄蝶。翅背面底色为黑褐色,斑纹呈黄色至淡橙黄色;前翅外侧的黄斑被分隔为3块,后翅中域的大黄斑相对较窄;后翅腹面覆有暗黄色鳞片,黄斑较明显。

地理分布　产于黄桥。分布于安徽、浙江、福建、江西、湖北、广东、海南、四川、云南、西藏、香港。

发生　1年多代,成虫多见于4—11月。

寄主　五节芒、芒等禾本科植物。

背面　　　　　　　　　　　　　腹面

241 严氏黄室弄蝶

Potanthus yani Huang, 2002

科 弄蝶科 Hesperiidae
属 黄室弄蝶属 *Potanthus* Scudder, 1872

形态特征 中型弄蝶。翅面黄斑发达,前翅外侧的黄斑相连;后翅腹面颜色较浅,中域的黄斑常向上延伸。

地理分布 产于黄桥。分布于安徽、浙江、福建、江西、广西。

发生 1年多代,成虫多见于5—10月。

寄主 禾本科植物。

背面　　　　　　　　　　　　　腹面

242 竹长标弄蝶

Telicota bambusae (Moore, 1878)

科 弄蝶科 Hesperiidae
属 长标弄蝶属 *Telicota* Moore, 1881

形态特征 中型弄蝶。翅背面斑纹呈橙黄色且发达，雄蝶前翅中域外侧的橙黄色斑沿着翅脉延伸至外缘；雄蝶性标较粗，几乎占据翅中域的黑带；翅腹面底色稍暗，黄斑不显著。

地理分布 产于双坑口。分布于浙江、福建、湖南、广东、广西、海南、香港、台湾。

发生 1年多代，成虫多见于4—11月。

寄主 禾本科竹亚科植物。

背面

腹面

243　钩形黄斑弄蝶

Ampittia virgata (Leech, 1890)

科　弄蝶科 Hesperiidae
属　黄斑弄蝶属 *Ampittia* Moore, 1881

形态特征　中型弄蝶。翅背面黑褐色；前翅的淡橙黄斑发达，并被中域的黑色斑带分割，雄蝶性标位于黑色斑带中。翅腹面呈淡橙黄色；后翅翅脉黄色，并有许多黑色小斑。雌蝶前翅的黄斑被黑色斑带分隔成数个小斑，后翅中域的黄斑较小。

地理分布　产于保护区各地。分布于河南、安徽、浙江、福建、湖北、广东、广西、海南、四川、云南、台湾、香港。

发生　1年多代，成虫多见于4—11月。

寄主　禾本科植物。

中文名索引

拉丁名索引

图书在版编目(CIP)数据

浙江乌岩岭国家级自然保护区蝴蝶图鉴 / 张芬耀,
郑方东,刘西主编. —杭州:浙江大学出版社,2022.3
ISBN 978-7-308-22379-9

Ⅰ.①浙… Ⅱ.①张… ②郑… ③刘… Ⅲ.①自然保
护区–蝶–秦顺县–图集 Ⅳ.①Q969.42–64

中国版本图书馆CIP数据核字(2022)第035510号

浙江乌岩岭国家级自然保护区蝴蝶图鉴

张芬耀　郑方东　刘　西　主编

责任编辑	季　峥
责任校对	潘晶晶
封面设计	沈玉莲
出版发行	浙江大学出版社
	(杭州市天目山路148号　邮政编码310007)
	(网址:http://www.zjupress.com)
排　　版	杭州星云光电图文制作有限公司
印　　刷	浙江海虹彩色印务有限公司
开　　本	787mm×1092mm　1/16
印　　张	16.75
字　　数	286千
版印次	2022年3月第1版　2022年3月第1次印刷
书　　号	ISBN 978-7-308-22379-9
定　　价	298.00元